NAIL IST

NEW 완전합격
미용사 네일
실기시험문제

최고의 적중률!! 최고의 합격률!!

 대한민국 대표브랜드

 크라운출판사
미용·피부미용·네일·메이크업 등 서비스서적전문출판
http://www.crownbook.com

국가자격 시험문제 전문출판

에듀크라운
국가자격시험문제전문출판
www.educrown.co.kr

류은주
- 현) 류은주 미용교수연구소
- 전) 한서대학교 피부미용화장품과학과 정교수
- 동의대학 생물학과(미생물 전공) 이학박사
- 헤어월드챔피언쉽(1992 · 1996 · 2000년 일본 · 미국 · 유럽) 국가대표선수 역임
- 교육부 교육과정 심의위원/미용교사임용고시 출제위원
- 국가기술자격심의 세분야 전문위원(헤어, 네일, 메이크업)
- 한국산업인력공단 이 · 미용전문가위원
- CS 능력단위 개발및 학습모듈 대표저자
- 검정 · 과정형평가 출제 및 심사위원
- 전국 및 지방기능경기대회 출제 및 심사위원
- 미용관련 보건복지부 · 한국소비자원 TF

윤미선
- 숭실대학교 화학공학과 공학박사
- 한국네일미용학회 이사
- SA NAIL & HAIR 대표
- LITE NAIL & HAIR(미국 뉴저지주 근무)
- Cosmetology&Hairstyling IN New Jersey
- International CIDESCO in Beauty therapy
- 현) 국제예술대학교 뷰티아트과 학과장
- 현) 남서울대학교 뷰티향장학과 책임교수
- 전) 한성대학교 예술대학원 뷰티예술학과 주임교수

배현영
- el studio 대표
- 류은주 미용교수 연구소 부소장
- 제대로 연구소 뷰티부분 본부장
- 국제전문강사협회 수석강사
- egistered Aromatherapist
- 미국 아로마테라피(NAHA) 1 · 2 지도사
- 헤어드레서/에스테티션/트라이콜로지스트
- 맞춤형 화장품 조제관리사/천역비누전문가
- ero Waste Elass Intructor

들어가는 말

정부 방침에 따라 국가직무능력표준(NCS)이 각 직무(이·미용, 피부, 네일, 메이크업)마다 지식, 기술, 태도로 분류하여 수행요소에 따른 작업을 표준화하였다. 이에 편승하여 각 미용관련 훈련기관들에서는 NCS를 기반으로 교육과정을 일-자격-훈련으로 연계하여 현장중심 밀착형 교육을 주도함으로써 학벌보다 능력중심사회로의 이행을 실천하고자 한다. 이에 미용사(네일) 시험은 필기시험을 지식기반으로 기술과 태도를 갖춘 역량체계(NQF, SQF)를 갖추고자 했다. 이를 반영한 한국산업인력공단에서 제시된 4가지 과제 유형에서 총 14개의 실제는 다음과 같다.

제1과제(60분)는 매니큐어 및 페디큐어로서 매니큐어(1~4과제), 페디큐어(1~4과제) 중 각각 1과제가 선정된다. 이는 모델의 오른손(발)에서 1~5지를 라운드형, 스퀘어형 중심으로 풀 코트, 프렌치, 딥 프렌치, 그라데이션 등 7개의 과제유형이 있다.
제2과제(35분)는 젤 매니큐어로서 1~2과제 중 단 1과제가 선정된다. 이는 모델의 왼손 1~5지를 라운드형 중심으로 젤 네일 폴리시를 이용하여 선마블링, 부채꼴마블링의 과제유형이 있다.
제3과제(40분)는 인조네일로서 1~4과제 중 1과제가 선정된다. 이는 모델의 오른손 3지, 4지를 중심으로 처리된 제1과제를 전처리한 후 내추럴 팁 위드 랩, 젤 원톤 스컬프처, 아크릴 프렌치 스컬프처, 네일랩 익스텐션을 스퀘어형으로 조형한다.
제4과제(15분)는 인조네일 제거로서 3과제에 선정된 유형 중 1개의 오른쪽 손톱을 중심으로 인조네일을 제거한다.

살펴보았듯이 기본(레귤러)과 응용(스페셜)으로 구분되는 미용사(네일)실기과제는 산업체의 일자리 중심 과제유형으로 고르게 분포됨으로써 직무의 역할이 충실이 이행됨을 엿볼 수 있다. 이 책은 미용사(네일) 실기시험(한국산업인력공단)을 대비하여 첨부파일과 수험자 지참 재료 목록, 과제제시 유의사항 등 관련 사항을 최대한 반영하여 저술하였다. 따라서 이 교재를 필독하시는 모든 분들께 합격의 영광과 멋진 네일미용사로서의 참된 봉사와 부를 함께 누리길 기원한다.

저자 드림

미용사(네일) 실기시험 안내

미용사(네일) 실기시험 출제기준

직무분야	이용·숙박·여행·오락·스포츠	중직무분야	이용·미용	자격종목	미용사(네일)	적용기간	2022.1.1. ~ 2026.12.31.

○ **직무내용**: 고객의 건강하고 아름다운 네일을 유지·보호하기 위해 네일 케어, 컬러링, 인조네일, 네일아트 등의 서비스를 제공하는 직무

○ **수행준거**:
1. 고객에게 안전하고 위생적인 서비스를 제공하기 위해 작업자와 고객의 위생을 관리하고 네일숍 환경을 청결하게 관리할 수 있다.
2. 고객의 네일을 손상시키지 않고 기 작업된 네일화장물을 네일 파일과 제거제를 사용하여 제거할 수 있다.
3. 네일 폴리시와 인조네일화장물의 접착력을 높이기 위하여 네일표면을 사전 작업할 수 있다.
4. 네일에 적용하는 화장물의 종류, 작업 방법에 따라 마무리 과정을 선택하여 작업할 수 있다.
5. 프리에지의 모양을 만들고 큐티클을 정리하여 네일을 보호하고 네일 주변을 건강하게 관리할 수 있다.
6. 고객의 미적요구를 충족하기 위하여 네일 폴리시를 다양한 방법으로 도포할 수 있다.
7. 네일 팁과 필러 파우더를 적용하여 네일의 길이를 연장하고 조형할 수 있다.
8. 자연네일이 손상되지 않도록 네일화장물을 사용하여 자연네일을 보강할 수 있다.
9. 네일 팁과 네일랩을 적용하여 네일의 길이를 연장하고 조형할 수 있다.
10. 네일랩과 필러 파우더를 적용하여 네일의 길이를 연장하고 조형할 수 있다.
11. 네일 폼과 아크릴을 적용하여 네일의 길이를 연장하고 조형할 수 있다.
12. 네일 폴리시와 도구를 사용하여 네일을 디자인할 수 있다.
13. 네일 폼과 젤을 적용하여 네일의 길이를 연장하고 조형할 수 있다.

실기검정방법	작업형	시험시간	2시간 30분 정도

실기과목명	주요항목	세부항목	세세항목
네일미용실무	1. 네일미용 위생서비스	1. 네일숍 청결 작업하기	1. 청소도구를 활용하여 실내를 청소할 수 있다. 2. 정리요령에 따라 집기류를 정리할 수 있다. 3. 청소 점검표에 따라 청결상태를 점검할 수 있다.
		2. 네일숍 안전 관리하기	1. 전기안전 수칙에 따라 안전 상태를 수시로 점검할 수 있다. 2. 안전사고 발생 시 대책기관의 연락망을 확보할 수 있다.
		3. 미용기구 소독하기	1. 기구유형에 따라 효율적인 소독방법을 결정할 수 있다. 2. 소독방법에 따라 미용기구를 소독할 수 있다. 3. 일회용 네일 용품을 위생적으로 관리할 수 있다. 4. 위생 점검표에 따라 미용기구의 소독상태를 점검하고 정리할 수 있다.
		4. 개인위생 관리하기	1. 소독제품의 특성에 따라 소독방법을 선정할 수 있다. 2. 작업자의 개인위생 관리를 위해 손을 소독할 수 있다. 3. 고객의 개인위생 관리를 위해 네일과 네일 주변을 소독할 수 있다.
	2. 네일화장물 제거	1. 일반네일 폴리시 제거하기	1. 일반네일 폴리시 제거를 위한 제거제를 선택할 수 있다. 2. 기 작업된 일반네일 폴리시 제거를 위해 제거제를 사용할 수 있다. 3. 일반네일 폴리시의 완전 제거 상태를 확인할 수 있다.
		2. 젤 네일 폴리시 제거하기	1. 젤 네일 폴리시 제거를 위한 제거제를 선택할 수 있다. 2. 기 작업된 젤 네일 폴리시 제거를 위해 네일 파일과 제거제를 사용할 수 있다. 3. 젤 네일 폴리시의 완전 제거 상태를 확인할 수 있다.
		3. 인조네일 제거하기	1. 인조네일 제거를 위한 제거제를 선택할 수 있다. 2. 기 작업된 인조네일 제거를 위해 네일 파일과 제거제를 사용할 수 있다. 3. 인조네일의 완전 제거 상태를 확인할 수 있다.
	3. 네일화장물 적용 전 처리	1. 일반네일 폴리시 전 처리하기	1. 고객의 요청에 따라 적합한 네일 길이와 모양을 만들 수 있다. 2. 네일 상태에 따라 표면을 정리하여 일반네일 폴리시의 밀착력을 높일 수 있다. 3. 네일 상태에 따라 큐티클을 정리할 수 있다. 4. 네일 상태에 따라 유분기와 잔여물을 제거할 수 있다.
		2. 젤 네일 폴리시 전 처리하기	1. 고객의 요청에 따라 작업에 적합한 네일 길이와 모양을 만들 수 있다. 2. 네일 상태에 따라 표면을 정리하여 젤 네일 폴리시의 밀착력을 높일 수 있다. 3. 네일 상태에 따라 큐티클을 정리할 수 있다. 4. 젤 네일 접착력을 높이기 위하여 전 처리제를 도포할 수 있다.
		3. 인조네일 전 처리하기	1. 고객의 요청에 따라 작업에 적합한 네일 길이와 모양을 만들 수 있다. 2. 네일 상태에 따라 표면을 정리하여 인조네일화장물의 밀착력을 높일 수 있다. 3. 네일 상태에 따라 큐티클을 정리할 수 있다. 4. 인조네일 접착력을 높이기 위하여 전 처리제를 도포할 수 있다.
	4. 네일화장물 적용 마무리	1. 일반네일 폴리시 마무리하기	1. 일반네일 폴리시의 잔여물을 네일 폴리시리무버를 사용하여 정리할 수 있다. 2. 일반네일 폴리시의 건조를 위해 네일 폴리시 건조 촉진제를 사용할 수 있다. 3. 보습을 위해 네일 주변에 큐티클 오일을 사용할 수 있다.

미용사(네일) 실기시험 안내

실기과목명	주요항목	세부항목	세세항목
네일미용실무	4. 네일화장물 적용 마무리	2. 젤 네일 폴리시 마무리하기	1. 경화 상태에 따라 미경화 젤을 젤 클렌저를 사용하여 제거할 수 있다. 2. 네일표면을 매끄럽게 네일 파일 작업을 할 수 있다. 3. 작업 완료를 위해 톱 젤을 도포할 수 있다. 4. 청결을 위해 냉·온 수건과 멸균거즈를 사용할 수 있다. 5. 보습을 위해 네일 주변에 큐티클 오일을 사용할 수 있다.
		3. 인조네일 마무리하기	1. 작업된 화장물에 따라 네일표면의 광택방법을 선택할 수 있다. 2. 분진 제거를 위해 미온수와 네일 더스트 브러시를 사용할 수 있다. 3. 청결을 위해 냉·온 수건과 멸균거즈를 사용할 수 있다. 4. 보습을 위해 네일 주변에 큐티클 오일을 사용할 수 있다.
		4. 네일 기본관리 마무리하기	1. 작업 방법에 따라 네일과 네일 주변의 유분기를 제거할 수 있다. 2. 청결을 위해 냉·온 수건과 멸균거즈를 사용할 수 있다. 3. 고객의 요청에 따라 마무리 방법을 선택할 수 있다. 4. 사용한 제품의 정리정돈을 할 수 있다.
	5. 네일 기본관리	1. 프리에지 모양만들기	1. 고객의 요청에 따라 자연네일의 길이를 조절할 수 있다. 2. 고객의 요청에 따라 자연네일의 프리에지 모양을 만들 수 있다. 3. 자연네일의 상태에 따라 표면을 정리할 수 있다. 4. 프리에지의 거스러미를 정리할 수 있다.
		2. 큐티클 부분 정리하기	1. 큐티클 부분을 연화하기 위해 손톱과 손톱 주변을 핑거볼에 담글 수 있다. 2. 큐티클 부분을 연화하기 위해 발톱과 발톱 주변을 족욕기에 담글 수 있다. 3. 큐티클 부분을 연화하기 위해 큐티클 연화제를 선택하여 사용할 수 있다. 4. 큐티클 부분 정리 작업 과정에 따라 도구를 선택할 수 있다. 5. 큐티클 부분의 상태에 따라 정리할 수 있다. 6. 정리된 큐티클 부분을 소독할 수 있다.
		3. 보습제 도포하기	1. 피부 상태에 따라 보습 제품을 선택할 수 있다. 2. 보습 제품을 사용하여 큐티클을 부드럽게 할 수 있다
	6. 네일 컬러링	1. 풀 코트 컬러 도포하기	1. 풀 코트 컬러를 위해 베이스코트와 베이스 젤을 얇게 도포할 수 있다. 2. 풀 코트 컬러 도포 방법을 선정하고 네일 폴리시를 도포할 수 있다. 3. 네일 폴리시를 얼룩 없이 균일하게 도포할 수 있다. 4. 젤 네일 폴리시 작업 시 젤 램프기기를 사용할 수 있다. 5. 풀 코트의 컬러 보호와 광택 부여를 위해 톱코트와 톱 젤을 도포할 수 있다.
		2. 프렌치 컬러 도포하기	1. 프렌치 컬러를 위해 베이스코트와 베이스 젤을 얇게 도포할 수 있다. 2. 프렌치 컬러 도포 방법을 선정하고 네일 폴리시를 도포할 수 있다. 3. 균일한 스마일 라인을 위하여 옐로우 라인에 맞추어 프리에지 부분에 네일 폴리시를 도포할 수 있다. 4. 스마일 라인을 고려하여 얼룩 없이 균일하게 도포할 수 있다. 5. 젤 네일 폴리시 작업 시 젤 램프기기를 사용할 수 있다. 6. 프렌치의 컬러 보호와 광택 부여를 위해 톱코트와 톱 젤을 도포할 수 있다.
		3. 딥 프렌치 컬러 도포하기	1. 딥 프렌치 컬러를 위해 베이스코트와 베이스 젤을 얇게 도포할 수 있다. 2. 딥 프렌치 컬러 도포 방법을 선정하고 네일 폴리시를 도포할 수 있다. 3. 균일한 스마일 라인을 위하여 자연네일 길이의 1/2 이상 부분에 네일 폴리시를 도포할 수 있다. 4. 스마일 라인을 고려하여 얼룩 없이 균일하게 도포할 수 있다. 5. 젤 네일 폴리시 작업 시 젤 램프기기를 사용할 수 있다. 6. 딥 프렌치 컬러 보호와 광택 부여를 위해 톱코트와 톱 젤을 도포할 수 있다.
		4. 그러데이션 컬러 도포하기	1. 그러데이션 컬러 도포를 위해 베이스코트와 베이스 젤을 얇게 도포할 수 있다. 2. 그러데이션 컬러 도포 방법을 선정하고 네일 폴리시를 도포할 수 있다. 3. 그러데이션의 위치를 선정하여 경계 없이 그러데이션을 표현할 수 있다. 4. 젤 네일 폴리시 작업 시 젤 램프기기를 사용할 수 있다. 5. 그러데이션 컬러 보호와 광택 부여를 위해 톱코트와 톱 젤을 도포할 수 있다.
	7. 팁 위드 파우더	1. 네일 팁 선택하기	1. 자연네일의 모양에 따라 적합한 네일 팁을 선택할 수 있다. 2. 자연네일의 크기에 알맞은 네일 팁의 크기를 선택할 수 있다. 3. 고객의 요청에 따라 다양한 네일 팁을 선택할 수 있다.
		2. 풀 커버 팁 작업하기	1. 큐티클 부분 라인의 형태에 따라 풀 커버 팁을 사전 조형할 수 있다. 2. 필러 파우더를 선택적으로 적용하여 자연네일의 굴곡을 매끄럽게 할 수 있다. 3. 네일 접착제를 사용하여 기포가 들어가지 않도록 풀 커버 팁을 접착할 수 있다. 4. 고객의 요청에 따라 길이와 모양을 조절할 수 있다.
		3. 프렌치 팁 작업하기	1. 자연네일의 크기와 모양에 따라 알맞은 프렌치 팁을 선택할 수 있다. 2. 네일 접착제를 사용하여 기포가 들어가지 않도록 프렌치 팁을 접착할 수 있다. 3. 필러 파우더를 사용하여 프렌치 팁의 구조를 조형할 수 있다. 4. 프렌치 팁의 완성을 위하여 네일 파일을 선택하여 작업할 수 있다.
		4. 내추럴 팁 작업하기	1. 네일의 크기와 모양에 따라 알맞은 내추럴 팁을 선택할 수 있다. 2. 네일 접착제를 사용하여 기포가 들어가지 않도록 내추럴 팁을 접착할 수 있다 3. 내추럴 팁의 팁 턱을 자연네일의 손상 없이 제거할 수 있다. 4. 필러 파우더를 사용하여 내추럴 팁의 구조를 조형할 수 있다. 5. 내추럴 팁의 완성을 위하여 네일 파일을 선택하여 작업할 수 있다.
	8. 자연네일 보강	1. 네일랩 화장물 보강	1. 네일랩을 이용하여 약해진 자연네일을 전체적으로 보강할 수 있다. 2. 네일랩을 이용하여 손상된 자연네일을 부분적으로 보강할 수 있다. 3. 네일랩을 이용하여 찢어진 자연네일을 보강할 수 있다.
		2. 아크릴 화장물 보강	1. 아크릴을 이용하여 약해진 자연네일을 전체적으로 보강할 수 있다. 2. 아크릴을 이용하여 손상된 자연네일을 부분적으로 보강할 수 있다. 3. 아크릴을 이용하여 찢어진 자연네일을 보강할 수 있다.

미용사(네일) 실기시험 안내

실기과목명	주요항목	세부항목	세세항목
네일미용실무	8. 자연네일 보강	3. 젤 화장물 보강	1. 젤을 이용하여 약해진 자연네일을 전체적으로 보강할 수 있다. 2. 젤을 이용하여 손상된 자연네일을 부분적으로 보강할 수 있다. 3. 젤을 이용하여 찢어진 자연네일을 보강할 수 있다.
	9. 팁 위드 랩	1. 팁 위드 랩 네일 팁 적용하기	1. 자연네일의 크기와 모양에 따라 네일 팁을 선택할 수 있다 2. 손가락과 손톱 방향에 따라 네일 팁을 접착할 수 있다. 3. 네일 팁의 종류에 따라 팁 턱을 제거할 수 있다.
		2. 네일랩 적용하기	1. 인조네일의 보강을 위하여 네일랩을 적용할 수 있다. 2. 네일 상태에 따라 팁 위드 랩의 두께를 조절할 수 있다. 3. 형태를 조형하기 위해 기초 구조를 만들 수 있다.
		3. 팁 위드 랩 네일 파일 적용하기	1. 팁 위드 랩 구조를 고려하여 네일 파일을 선택할 수 있다. 2. 네일 파일을 사용하여 팁 위드 랩 형태를 조형할 수 있다. 3. 팁 위드 랩 완성도를 위하여 순차적인 네일 파일을 선택하여 광택을 낼 수 있다.
	10. 랩 네일	1. 네일랩 재단하기	1. 자연네일 크기에 따라 네일랩의 폭과 길이를 측정할 수 있다. 2. 자연네일 상태에 따라 네일랩의 재단방법을 선택할 수 있다. 3. 방법에 따라 네일랩을 자연네일에 맞추어 재단할 수 있다.
		2. 네일랩 접착하기	1. 네일랩에 기포가 들어가지 않도록 네일표면에 접착할 수 있다. 2. 접착된 네일랩의 상태에 따라 여분을 자를 수 있다. 3. 네일랩 고정을 위해 네일 접착제를 도포할 수 있다.
		3. 네일랩 연장하기	1. 고객의 요구에 따라 프리에지의 길이를 연장할 수 있다. 2. 고객의 요구에 따라 랩 네일의 프리에지 형태를 조형할 수 있다. 3. 고객의 요구에 따라 랩 네일의 두께를 조절할 수 있다. 4. 고객의 요구에 따라 랩 네일의 형태를 조형할 수 있다.
	11. 아크릴 네일	1. 아크릴 화장물 활용하기	1. 연습용 인조 손에 자연네일 대용의 네일 팁을 장착할 수 있다. 2. 연습용 인조 손을 활용하여 아크릴 화장물의 사용방법을 숙련할 수 있다. 3. 연습용 인조 손을 활용하여 올바르게 네일 폼을 적용할 수 있다. 4. 적합한 방법으로 아크릴 브러시를 사용할 수 있다. 5. 네일 파일을 활용하여 아크릴 네일의 파일 방법을 숙련할 수 있다.
		2. 아크릴 원톤 스컬프처하기	1. 고객의 요구에 따라 프리에지의 길이를 연장할 수 있다. 2. 고객의 요구에 따라 아크릴 원톤 스컬프처를 위한 두께를 조절할 수 있다. 3. 고객의 요구에 따라 아크릴 원톤 스컬프처의 형태를 조형할 수 있다.
		3. 아크릴 프렌치 스컬프처하기	1. 화이트 아크릴 파우더로 스마일 라인을 조형할 수 있다. 2. 고객의 요구에 따라 프리에지의 길이를 연장할 수 있다. 3. 고객의 요구에 따라 아크릴 프렌치 스컬프처를 위한 두께를 조절할 수 있다. 4. 고객의 요구에 따라 아크릴 프렌치 스컬프처의 형태를 조형할 수 있다.
	12. 네일 폴리시 아트	1. 일반네일 폴리시 아트하기	1. 네일미용 도구를 사용하여 일반네일 폴리시 아트를 작업할 수 있다. 2. 페인팅 브러시를 사용하여 일반네일 폴리시를 조화롭게 디자인할 수 있다. 3. 일반네일 폴리시의 성질을 이용하여 마블 기법을 시행할 수 있다. 4. 톱코트를 사용하여 일반네일 폴리시 아트의 지속성을 높일 수 있다.
		2. 젤 네일 폴리시 아트하기	1. 네일미용 도구를 사용하여 젤 네일 폴리시 아트를 작업할 수 있다. 2. 젤 페인팅 브러시를 사용하여 젤 네일 폴리시를 조화롭게 디자인할 수 있다. 3. 젤 네일 폴리시의 성질을 이용하여 마블 기법을 시행할 수 있다. 4. 톱 젤을 사용하여 젤 네일 폴리시 아트의 지속성을 높일 수 있다.
		3. 통 젤 네일 폴리시 아트하기	1. 네일미용 도구를 사용하여 통 젤 네일 폴리시 아트를 작업할 수 있다. 2. 젤 페인팅 브러시를 사용하여 다양한 색상의 통 젤 네일 폴리시 아트를 조화롭게 디자인할 수 있다. 3. 통 젤 네일 폴리시의 성질을 이용하여 세밀한 디자인을 작업할 수 있다. 4. 톱 젤을 사용하여 통 젤 네일 폴리시 아트의 지속성을 높일 수 있다.
	13. 젤 네일	1. 젤 화장물 활용하기	1. 연습용 인조 손에 자연네일 대용의 네일 팁을 장착할 수 있다. 2. 연습용 인조 손을 활용하여 젤 화장물의 사용방법을 숙련할 수 있다. 3. 연습용 인조 손을 활용하여 올바르게 네일 폼을 적용할 수 있다. 4. 적합한 방법으로 젤 브러시를 사용할 수 있다. 5. 네일 파일을 활용하여 젤 네일의 파일 방법을 숙련할 수 있다. 6. 젤 램프기기를 이용하여 젤을 경화할 수 있다.
		2. 젤 원톤 스컬프처하기	1. 젤 원톤 스컬프처를 위한 베이스 젤을 적용할 수 있다. 2. 고객의 요구에 따라 프리에지의 길이를 연장할 수 있다. 3. 젤 램프기기를 이용하여 인조네일을 경화할 수 있다. 4. 고객의 요구에 따라 젤 원톤 스컬프처를 위한 두께를 조절할 수 있다. 5. 고객의 요구에 따라 원톤 스컬프처의 형태를 조형할 수 있다.
		3. 젤 프렌치 스컬프처하기	1. 젤 프렌치 스컬프처를 위한 베이스 젤을 적용할 수 있다. 2. 화이트 젤로 스마일 라인을 조형할 수 있다. 3. 고객의 요구에 따라 프리에지의 길이를 연장할 수 있다. 4. 젤 램프기기를 이용하여 젤을 경화할 수 있다. 5. 고객의 요구에 따라 젤 프렌치 스컬프처를 위한 두께를 조절할 수 있다. 6. 고객의 요구에 따라 젤 프렌치 스컬프처의 형태를 조형할 수 있다.

미용사(네일) 실기시험 안내

미용사(네일) 실기시험 과제

1. 미용사(네일) 과제 유형(2시간 30분)

과제 유형	제1과제(60분)		제2과제(35분)	제3과제(40분)	제4과제(15분)
	매니큐어 및 페디큐어		젤 매니큐어	인조네일	인조네일 제거
셰이프	라운드 셰이프 (매니큐어)	스퀘어 셰이프 (페디큐어)	라운드 셰이프	스퀘어 셰이프	3과제 선택된 인조네일 제거
대상부위	오른손 1~5지 손톱	오른발 1~5지 발톱	왼손 1~5지 손톱	오른손 3, 4지 손톱	오른손 3지 손톱
세부과제	① 풀 코트 레드 ② 프렌치 스마일 라인 넓이 (0.3~0.5cm) ③ 딥 프렌치 스마일 라인 폭 손톱 전체길이의 1/2 이상 작업 ④ 그라데이션 화이트	① 풀 코트 레드 ② 딥 프렌치 ③ 그라데이션	① 선 마블링 ② 부채꼴 마블링	① 내추럴 팁위드랩 ② 젤 원톤 스컬프처 ③ 아크릴 프렌치 스컬프처 ④ 네일랩 익스텐션 프리에지 두께 0.5~1mm 미만	인조네일 제거
배점	20	20	20	30	10

※ 총 4과제로 시험 당일 각 과제가 랜덤 선정되는 방식으로 아래와 같이 선정됩니다.
   1과제 : 매니큐어 ①~④ 과제 중 1과제 선정, 페디큐어 ①~③ 과제 중 1과제 선정
   2과제 : 젤 매니큐어 ①~② 과제 중 1과제 선정
   3과제 : 인조네일 ①~④ 과제 중 1과제 선정
   4과제 : 3과제 시 선정된 인조네일 제거
※ 각 과제 작업 종료 후 다음 과제를 위한 준비시간이 부여됩니다.
※ 인조네일 과제의 프리에지 C-커브는 원형의 20~40%의 비율까지 허용이 됨을 참고하시기 바랍니다(인조네일 과제의 길이 : 프리에지 중심 기준으로 0.5~1cm 미만).

미용사(네일) 실기시험 안내

수험자 유의사항(전 과제 공통)

아래 사항을 준수하여 실기시험에 임하여 주십시오. 만약 아래의 사항을 지키지 않을 경우, 시험장의 입실 및 수험에 제한을 받는 불이익이 발생할 수 있다는 점 인지하여 주시고, 시험위원의 지시가 있을 경우, 다소 불편함이 있더라도 적극 협조하여 주시기 바랍니다.

1. 수험자와 모델은 시험위원의 지시에 따라야 하며, 지정된 시간에 시험장에 입실해야 합니다.
2. 수험자는 수험표 또는 신분증(본인임을 확인할 수 있는 사진이 부착된 증명서)을 지참해야 합니다.
3. 수험자는 반드시 반팔 또는 긴팔 흰색 위생복(1회용 가운 제외), 마스크(흰색), 긴 바지(색상, 소재 무관)를 착용하여야 하며, 복장에 소속을 나타내거나 암시하는 표식이 없어야 합니다.
4. 수험자 및 모델(사전 컬러링을 제외한)은 눈에 보이는 표식[예 네일 컬러링(자연손톱 색 외), 디자인, 손톱장식 등]이 없어야 하며, 표식이 될 수 있는 액세서리[예 반지, 시계, 팔찌, 발찌, 목걸이, 귀걸이 등]를 착용할 수 없습니다.
5. 수험자는 시험 중에 관리상 필요한 이동을 제외하고 지정된 자리를 이탈하거나 모델 또는 다른 수험자와 대화할 수 없습니다.
6. 과제별 시험 시작 전 준비시간에 해당 시험 과제의 모든 준비물을 정리함(흰색 바구니)에 담아 세팅하여야 하며, 시험 중에는 도구 또는 재료를 꺼낼 수 없습니다.
7. 지참하는 준비물은 시중에서 판매되는 제품이면 무방하며, 브랜드를 따로 지정하지 않습니다.
8. 수험자가 도구 또는 재료에 구별을 위해 표식(스티커 등)을 만들어 붙일 수 없습니다.
9. 수험자는 위생봉투(투명비닐)를 준비하여 쓰레기봉투로 사용할 수 있도록 작업대에 부착합니다.
10. 수험자 또는 모델은 스톱워치나 핸드폰을 사용할 수 없습니다.
11. 시험 종료 후 소독제, 폴리시 리무버 등의 용액은 반드시 다시 가져가야 합니다(쓰레기통이나 화장실에 버릴 수 없습니다).
12. 수험자와 모델은 보안경 또는 안경(무색, 투명)을 지참하며 필요한 작업 시 착용해야 합니다.
13. 모델은 만 14세 이상의 신체 건강한 남, 여(연도기준)로 아래의 조건에 해당하지 않아야 합니다.
    ① 자연손톱이 열 개가 아니거나 열 개를 다 사용할 수 없는 자(단, 발톱은 한쪽 발 기준으로 자연발톱이 다섯 개가 아니거나 다섯 개를 모두 사용할 수 없는자)
    ② 손 · 발톱 미용에 제한을 받는 무좀, 염증성 손 · 발톱질환을 가진 자
    ③ 호흡기 질환, 민감성 피부, 알레르기 등이 있는 자
    ④ 임신 중인 자
    ⑤ 정신질환자
    ※ 수험자가 동반한 모델도 신분증을 지참하여야 하며, 공단에서 지정한 신분증을 지참하지 않은 경우, 모델로 시험에 참여가 불가능합니다.
14. 모델은 마스크(흰색) 및 긴바지(색상, 소재 무관), 흰색 무지 상의(소재 무관, 남방류 및 니트류 허용, 유색 무늬 불가, 아이보리색 등 포함 유색 불가)를 착용해야 합니다.
15. 모델의 손 · 발톱 상태는 자연손 · 발톱 그대로여야 하며 손 · 발톱이 보수되어 있을 경우 오른손, 왼손, 오른발 각 부위별 2개까지 허용하며 자연손톱 상태로 길이 연장 등도 가능합니다(단, 오른손 3, 4지는 제외).

미용사(네일) 실기시험 안내

16. 모델의 오른손·발 1~5지의 손·발톱은 큐티클 정리가 충분히 가능한 상태로, 오른손 1~5지의 손톱은 스퀘어 또는 스퀘어 오프형으로 사전 준비되어야 하고, 오른발 1~5지의 발톱은 라운드 또는 스퀘어 오프형으로 사전 준비되어야 하며, 오른손 1~5지와 오른발 1~5지의 손·발톱은 펄이 미함유된 빨강색 네일 폴리시가 사전에 완전히 건조된 상태로 2회 이상 풀 코트로 도포되어 있어야 합니다.
17. 2과제 젤 매니큐어 과제는 습식케어가 생략되므로 모델의 왼손 1~5지의 손톱은 큐티클 정리 등의 사전 준비 작업이 되어 있어야 하며 손톱 프리에지 형태는 스퀘어 또는 오프 스퀘어 형이어야 합니다.
18. 1과제 페디큐어 시 분무기를 이용하여 습식케어를 하며 신체의 손상이 있는 등 불가피한 경우, 왼발로 대체 가능합니다.
19. 1과제 매니큐어 작업(30분) 종료 후 시험위원의 지시에 따라 모델은 작업대 위에 앉은 후 의자에 앉아있는 수험자의 무릎에 작업대상 발을 올리는 자세로 페디큐어 작업(30분)을 할 수 있도록 준비해야 합니다.
20. 작업 시 사용되는 일회용 재료 및 도구는 반드시 새 것을 사용하고, 과제 시작 전 사용에 적합한 상태를 유지하도록 미리 준비합니다.
    ※ 폴리시·쏙 오프 전용 리무버, 젤 클렌저, 소독제를 제외한 주요 화장품을 덜어서 가져오면 안 됩니다.
    ※ 네일 파일류는 폐기 대상에서 제외합니다.
21. 출혈이 있는 경우 소독된 탈지면이나 거즈 등으로 출혈부위를 소독해야 합니다.
22. 작업 시 네일 주변 피부에 잔여물이 묻지 않도록 하여야 하며, 손발 및 네일표면과 네일 아래의 거스러미, 문진 먼지, 불필요한 오일 등은 깨끗이 제거되어야 합니다.
23. 제시된 시험시간 안에 모든 작업과 마무리 및 주변 정리정돈을 끝내야 하며, 시험시간을 초과하여 작업하는 경우는 해당 과제를 0점 처리합니다.
24. 1과제 종료 후 2과제 시작 전 준비 시간에 기 작업된 1과제 페디큐어 작업분을 변형 혹은 제거해야 합니다.
25. 2과제 종료 후 3과제 준비시간 전에 본부요원의 지시에 따라 인조네일 3가지 유형 중 선정된 1가지 과제의 재료만을 3과제 시작 전 미리 작업대에 준비해야 합니다.
26. 시험 종료 후 시험위원의 지시에 따라 왼손 1~5지 손톱에 기 작업된 2과제 젤 매니큐어 작업분과 4과제 인조네일 제거 시, 제거하지 않은 오른손 3지 또는 4지 손톱의 작업분을 변형 혹은 제거한 후 퇴실해야 합니다.
27. 작업에 필요한 각종 도구를 바닥에 떨어뜨리는 일이 없도록 하여야 하고, 네일 글루 등을 조심성 있게 다루어 안전사고가 발생되지 않도록 주의해야 하며, 특히 큐티클 정리 시 사용 도구(큐티클 니퍼와 푸셔 등)를 적합한 자세와 안전한 방법으로 사용하여야 하며, 멸균거즈를 보조용구로 사용할 수 있습니다.
28. 다음 사항은 실격에 해당하여 채점 대상에서 제외됩니다.
    ① 시험의 전체과정을 응시하지 않은 경우
    ② 시험 도중 시험장을 무단이탈하는 경우
    ③ 부정한 방법으로 타인의 도움을 받거나 타인의 시험을 방해하는 경우
    ④ 무단으로 모델을 수험자간에 교환하는 경우
    ⑤ 국가자격검정 규정에 위배되는 부정행위 등을 하는 경우
    ⑥ 수험자가 위생복을 착용하지 않은 경우
    ⑦ 수험자 유의사항 내의 모델 조건에 부적합한 경우

미용사(네일) 실기시험 안내

29. 시험 응시 제외 사항
    ① 모델을 데려오지 않은 경우
30. 득점 외 별도 감점사항
    ① 수험자 및 모델의 복장상태 및 마스크 착용, 모델의 손톱·발톱 사전 준비상태 등 어느 하나라도 미준비하거나 사전준비 작업이 미흡한 경우
    ② 작업 시 출혈이 있는 경우
    ③ 필요한 기구 및 재료 등을 시험 도중에 꺼내는 경우
31. 오작 사항
    ① 요구된 과제가 아닌 다른 과제를 작업하는 경우
        예 풀 코트 페디큐어 과제를 프렌치로 작업하는 경우 등
    ② 과제에서 요구된 색상이 아닌 다른 색상으로 작업하는 경우
        예 흰색을 빨강색으로 작업하는 경우 등
    ③ 작업 부위를 바꿔서 작업하는 경우
        예 각 과제의 작업 대상 손 및 손가락을 바꿔서 작업한 경우 등

미용사(네일) 실기시험 안내

각 과제별 유의사항

자격종목	미용사(네일)	과제명	**풀 코트 매니큐어**	표준시간 30분(연장시간 없음)

1. 요구사항

※ 지참 재료 및 도구를 사용하여 아래의 요구사항대로 풀 코트 매니큐어를 완성하시오.

1) 과제를 수행하기 위해 수험자의 손 및 모델의 손과 손톱을 소독하시오.
2) 모델의 오른손에 도포되어 있는 네일 폴리시를 깨끗하게 제거하시오.
3) 오른손 5개의 손톱(1~5지)에 습식 매니큐어를 실시하시오.
4) 손톱 프리에지의 형태는 라운드로 조형하시오.
   ※ 라운드 : 도면과 같이 스트레스 포인트에서부터 프리에지까지 직선이 존재하고, 끝 부분은 라운드 형태를 이루어야 하며, 프리에지의 어느 곳에서도 각이 없는 상태
5) 손톱 주변 큐티클을 오렌지 우드스틱 또는 큐티클 푸셔를 사용하여 안전하게 밀어주시오.
6) 큐티클 니퍼를 사용하여 손톱 주변의 불필요한 손거스러미 등을 정리하시오.
7) 펄이 첨가되지 않은 순수 빨강색 네일 폴리시를 사용하여 오른손 1~5지의 손톱 모두를 풀 코트로 완성하시오.
8) 컬러 도포 시 프리에지 단면의 앞선까지 모두 도포하시오.
9) 베이스 코트 1회 → 빨강색 폴리시 2회 → 탑 코트 1회의 도포 순서로 완성하시오.

2. 수험자 유의사항

1) 모델 손톱의 준비상태는 빨강색 폴리시가 풀컬러로 도포된 스퀘어 형태를 유지하여야 합니다.
2) 자연네일 파일링 시 문지르거나 비비지 말고 한 방향으로 파일링하시오.
3) 길이는 옐로우 라인의 중심에서 5mm 이내의 길이로 일정하게 작업하시오.
4) 큐티클 연화제(큐티클오일·리무버·크림), 멸균거즈는 작업상황에 맞도록 적절히 사용하시오.
5) 탑 코트 후 마무리 시 오일을 사용하지 마시오.
6) 컬러 도포 시 네일 폴리시의 브러시를 사용하시오.
7) 큐티클 니퍼, 큐티클 푸셔, 클리퍼, 네일 더스트 브러시, 오렌지 우드스틱 푸셔용은 알코올 소독 용기에 담가두어야 합니다.

미용사(네일) 실기시험 안내

각 과제별 유의사항

| 자격종목 | 미용사(네일) | 과제명 | 프렌치 매니큐어 | 표준시간 30분(연장시간 없음) |

1. 요구사항

※ 지참 재료 및 도구를 사용하여 아래의 요구사항대로 프렌치 매니큐어를 완성하시오.

1) 과제를 수행하기 위해 수험자의 손 및 모델의 손과 손톱을 소독하시오.
2) 모델의 오른손에 도포되어 있는 네일 폴리시를 깨끗하게 제거하시오.
3) 오른손 5개의 손톱(1~5지)에 습식 매니큐어를 실시하시오.
4) 손톱 프리에지의 형태는 라운드로 조형하시오.
   ※ 라운드 : 도면과 같이 스트레스 포인트에서부터 프리에지까지 직선이 존재하고, 끝 부분은 라운드 형태를 이루어야 하며, 프리에지의 어느 곳에서도 각이 없는 상태
5) 손톱 주변 큐티클을 오렌지 우드스틱 또는 큐티클 푸셔를 사용하여 안전하게 밀어주시오.
6) 큐티클 니퍼를 사용하여 손톱 주변의 불필요한 거스러미 등을 정리하시오.
7) 펄이 첨가되지 않은 순수 흰색 네일 폴리시를 사용하여 오른손 1~5지의 손톱 모두를 프렌치로 완성하시오. 단, 프렌치 라인의 상하 너비는 3~5mm이어야 하며 완만한 스마일 라인으로 완성하여야 합니다.
8) 컬러 도포 시 프리에지 단면의 앞 선까지 모두 도포하시오.
9) 베이스 코트 1회 → 흰색 폴리시 2회 → 탑 코트 1회의 도포 순서로 완성하시오.

2. 수험자 유의 사항

1) 모델 손톱의 준비상태는 빨강색 폴리시가 풀 컬러로 도포된 스퀘어 형태를 유지하여야 합니다.
2) 자연네일 파일링 시 문지르거나 비비지 말고 한 방향으로 파일링하시오.
3) 길이는 옐로우 라인의 중심에서 5mm 이내의 길이로 일정하게 작업하시오.
4) 큐티클 연화제(큐티클 오일·리무버·크림), 멸균거즈는 작업 상황에 맞도록 적절히 사용하시오.
5) 탑 코트 후 마무리 시, 오일을 사용하지 마시오.
6) 컬러 도포 시 네일 폴리시의 브러시를 사용하시오.
7) 큐티클 니퍼, 큐티클 푸셔, 클리퍼, 네일 더스트 브러시, 오렌지 우드스틱(푸셔용)은 알코올 소독 용기에 담가 두어야 합니다.

미용사(네일) 실기시험 안내

각 과제별 유의사항

자격종목	미용사(네일)	과제명	딥 프렌치 매니큐어	표준시간 30분(연장시간 없음)

1. 요구사항

※ 지참 재료 및 도구를 사용하여 아래의 요구사항대로 딥 프렌치 매니큐어를 완성하시오.

1) 과제를 수행하기 위해 수험자의 손 및 모델의 손과 손톱을 소독하시오.
2) 모델의 오른손에 도포되어 있는 네일 폴리시를 깨끗하게 제거하시오.
3) 오른손 5개의 손톱(1~5지)에 습식 매니큐어를 실시하시오.
4) 손톱 프리에지의 형태는 라운드로 조형하시오.
   ※ 라운드 : 도면과 같이 스트레스 포인트에서부터 프리에지까지 직선이 존재하고, 끝 부분은 라운드 형태를 이루어야 하며, 프리에지의 어느 곳에서도 각이 없는 상태
5) 손톱 주변 큐티클을 오렌지 우드스틱 또는 큐티클 푸셔를 사용하여 안전하게 밀어주시오.
6) 큐티클 니퍼를 사용하여 손톱 주변의 불필요한 손거스러미 등을 정리하시오.
7) 펄이 첨가되지 않은 순수 흰색 네일 폴리시를 사용하여 오른손 1~5지의 손톱 모두를 딥 프렌치로 완성하시오.
   단, 딥 프렌치 라인은 손톱 전체길이의 1/2 이상 부분이어야 하며, 반월 부분은 침범하지 않도록 하시오.
8) 컬러 도포 시 프리에지 단면의 앞선까지 모두 도포하시오.
9) 베이스 코트 1회 → 흰색 폴리시 2회 → 탑 코트 1회의 도포 순서로 완성하시오.

2. 수험자 유의사항

1) 모델 손톱의 준비상태는 빨강색 폴리시가 풀 컬러로 도포된 스퀘어 형태를 유지하여야 합니다.
2) 자연네일 파일링 시 문지르거나 비비지 말고 한 방향으로 파일링하시오.
3) 길이는 옐로우 라인의 중심에서 5mm 이내의 길이로 일정하게 작업하시오.
4) 큐티클 연화제(큐티클 오일·리무버·크림), 멸균거즈는 작업 상황에 맞도록 적절히 사용하시오.
5) 탑 코트 후 마무리 시, 오일을 사용하지 마시오.
6) 컬러 도포 시 네일 폴리시의 브러시를 사용하시오.
7) 큐티클 니퍼, 큐티클 푸셔, 클리퍼, 네일 더스트 브러시, 오렌지 우드스틱(푸셔용)은 알코올 소독 용기에 담가 두어야 합니다.

각 과제별 유의사항

자격종목	미용사(네일)	과제명	**그라데이션 매니큐어**	표준시간 30분(연장시간 없음)

1. 요구사항

※ 지참 재료 및 도구를 사용하여 아래의 요구사항대로 그라데이션 매니큐어를 완성하시오.

1) 과제를 수행하기 위해 수험자의 손 및 모델의 손과 손톱을 소독하시오.
2) 모델의 오른손에 도포되어 있는 네일 폴리시를 깨끗하게 제거하시오.
3) 오른손 5개의 손톱(1~5지)에 습식 매니큐어를 실시하시오.
4) 손톱 프리에지의 형태는 라운드로 조형하시오.
　※ 라운드 : 도면과 같이 스트레스 포인트에서부터 프리에지까지 직선이 존재하고, 끝 부분은 라운드 형태를 이루어야 하며, 프리에지의 어느 곳에서도 각이 없는 상태
5) 손톱 주변 큐티클을 오렌지 우드스틱 또는 큐티클 푸셔를 사용하여 안전하게 밀어주시오.
6) 큐티클 니퍼를 사용하여 손톱 주변의 불필요한 손거스러미 등을 정리하시오.
7) 펄이 첨가되지 않은 순수 흰색 네일 폴리시를 사용하여 오른손 1~5지의 손톱 모두를 그라데이션으로 완성하시오. 단, 그라데이션 범위는 손톱 전체길이의 1/2 이상 부분이어야 하며, 그라데이션은 스폰지를 이용하여 표현하고, 반월 부분은 침범하지 않도록 하시오.
8) 컬러 도포 시 프리에지 단면의 앞선까지 모두 도포하시오.
9) 베이스 코트 1회 → 흰색 그라데이션 도포 → 탑 코트 1회의 도포 순서로 완성하시오.

2. 수험자 유의사항

1) 모델 손톱의 준비상태는 빨강색 폴리시가 풀컬러로 도포된 스퀘어 형태를 유지하여야 합니다.
2) 자연네일 파일링 시 문지르거나 비비지 말고 한 방향으로 파일링하시오.
3) 길이는 옐로우 라인의 중심에서 5mm 이내의 길이로 일정하게 작업하시오.
4) 큐티클 연화제(큐티클 오일·리무버·크림), 멸균거즈는 작업상황에 맞도록 적절히 사용하시오.
5) 탑 코트 후 마무리 시 오일을 사용하지 마시오.
6) 컬러 도포 시 네일 폴리시의 브러시를 사용하시오.
7) 큐티클 니퍼, 큐티클 푸셔, 클리퍼, 네일 더스트 브러시, 오렌지 우드스틱(푸셔용)은 알코올 소독 용기에 담가 두어야 합니다.

미용사(네일) 실기시험 안내

각 과제별 유의사항

자격종목	미용사(네일)	과제명	풀 코트 페디큐어	표준시간 30분(연장시간 없음)

1. 요구사항

※ 지참재료 및 도구를 사용하여 아래의 요구사항대로 풀 코트 페디큐어를 완성하시오.

1) 과제를 수행하기 위해 수험자의 손 및 모델의 손과 손톱을 소독하시오.
2) 모델의 오른발에 도포되어 있는 네일 폴리시를 깨끗하게 제거하시오.
3) 오른발 5개의 발톱(1~5지)에 툴 스프레이를 이용한 습식 페디큐어를 실시하시오.
4) 발톱 프리에지의 형태는 스퀘어형으로 조형하시오.
   ※ 스퀘어 : 도면과 같이 스트레스 포인트에서부터 프리에지까지 직선이 존재하고, 끝 부분은 직선의 형태(스퀘어)를 이루어야 하며, 각이 있는 모서리가 존재하는 상태
5) 발톱 주변 큐티클을 오렌지 우드스틱 또는 큐티클 푸셔를 사용하여 안전하게 밀어주시오.
6) 큐티클 니퍼를 사용하여 발톱 주변의 불필요한 거스러미 등을 정리하시오.
7) 펄이 첨가되지 않은 순수 빨강색 네일 폴리시를 사용하여 오른발 1~5지의 발톱 모두를 풀 코트로 완성하시오.
8) 컬러 도포 시 프리에지 단면의 앞선까지 모두 도포하시오.
9) 베이스 코트 1회 → 빨강색 폴리시 2회 → 탑 코트 1회의 도포 순서로 완성하시오.

2. 수험자 유의사항

1) 모델 발톱의 준비상태는 빨강색 폴리시가 풀컬러로 도포된 스퀘어 형태를 유지하여야 합니다.
2) 자연네일 파일링 시 문지르거나 비비지 말고 한 방향으로 파일링하시오.
3) 길이는 옐로우 라인의 중심에서 5mm 이내의 길이로 일정하게 작업하시오.
4) 큐티클 연화제(큐티클 오일 · 리무버 · 크림, 멸균거즈)는 작업상황에 맞도록 적절히 사용하시오.
5) 탑 코트 후 마무리 시 오일을 사용하지 마시오.
6) 컬러 도포 시 네일 폴리시의 브러시를 사용하시오.
7) 큐티클 니퍼, 큐티클 푸셔, 클리퍼, 네일 더스트 브러시, 오렌지 우드스틱(푸셔용)은 알코올 소독 용기에 담가 두어야 합니다.

미용사(네일) 실기시험 안내

각 과제별 유의사항

| 자격종목 | 미용사(네일) | 과제명 | 딥 프렌치 페디큐어 | 표준시간 30분(연장시간 없음) |

1. 요구사항

※ 지참 재료 및 도구를 사용하여 아래의 요구사항대로 딥 프렌치 페디큐어를 완성하시오.

1) 과제를 수행하기 위해 수험자의 손 및 모델의 손과 손톱을 소독하시오.
2) 모델의 오른발에 도포되어 있는 네일 폴리시를 깨끗하게 제거하시오.
3) 오른발 5개의 발톱 (1~5지)에 물 스프레이를 이용한 습식 매니큐어를 실시하시오.
4) 발톱 프리에지의 형태는 스퀘어형으로 조형하시오.
  ※ 스퀘어 : 도면과 같이 스트레스 포인트에서부터 프리에지까지 직선이 존재하고, 끝 부분은 직선의 형태(스퀘어)를 이루어야 하며, 각이 있는 모서리가 존재하는 상태
5) 발톱 주변 큐티클을 오렌지 우드스틱 또는 큐티클 푸셔를 사용하여 안전하게 밀어주시오.
6) 큐티클 니퍼를 사용하여 발톱 주변의 불필요한 거스러미 등을 정리하시오.
7) 펄이 첨가되지 않은 순수 흰색 네일 폴리시를 사용하여 오른발 1~5지의 발톱 모두를 딥 프렌치로 완성하시오.
  단, 딥 프렌치 라인은 발톱 전체길이의 1/2 이상의 부분이어야 하며 반월 부분은 침범하지 않도록 하시오.
8) 컬러 도포 시 프리에지 단면의 앞선까지 모두 도포하시오.
9) 베이스 코트 1회 → 흰색 폴리시 2회 → 탑 코트 1회의 도포 순서로 완성하시오.

2. 수험자 유의사항

1) 모델 발톱의 준비상태는 빨강색 폴리시가 풀 컬러로 도포되어야 하며, 스퀘어 형태로 사전 작업되지 않은 자연형태를 유지하여야 합니다.
2) 자연네일 파일링 시 문지르거나 비비지 말고 한 방향으로 파일링하시오.
3) 발톱의 길이는 피부의 선단을 넘지 않도록 하시오.
4) 큐티클 연화제(큐티클 오일 · 리무버 · 크림), 멸균거즈는 작업 상황에 맞도록 적절히 사용하시오
5) 탑 코트 후 마무리 시 오일을 사용하지 마시오.
6) 컬러 도포 시 네일 폴리시의 브러시를 사용하시오.
7) 큐티클 니퍼, 큐티클 푸셔, 클리퍼, 네일 더스트 브러시, 오렌지 우드스틱(푸셔용)은 알코올 소독을 소독 용기에 담가 두어야 합니다.

미용사(네일) 실기시험 안내

각 과제별 유의사항

자격종목	미용사(네일)	과제명	**그라데이션 페디큐어**	표준시간 30분(연장시간 없음)

1. 요구사항

※ 지참 재료 및 도구를 사용하여 아래의 요구사항대로 그라데이션 페디큐어를 완성하시오.

1) 과제를 수행하기 위해 수험자의 손 및 모델의 손과 손톱을 소독하시오.
2) 모델의 오른발에 도포되어 있는 네일 폴리시를 깨끗하게 제거하시오.
3) 오른발 5개의 발톱(1~5지)에 물 스프레이를 이용한 습식 매니큐어를 실시하시오.
4) 발톱 프리에지의 형태는 스퀘어형으로 조형하시오.

※ 스퀘어 : 도면과 같이 스트레스 포인트에서부터 프리에지까지 직선이 존재하고, 끝 부분은 직선의 형태(스퀘어)를 이루어야 하며, 각이 있는 모서리가 존재하는 상태

5) 발톱 주변 큐티클을 오렌지 우드스틱 또는 큐티클 푸셔를 사용하여 안전하게 밀어주시오.
6) 큐티클 니퍼를 사용하여 발톱 주변의 불필요한 거스러미 등을 정리하시오.
7) 펄이 첨가되지 않은 순수 흰색 네일 폴리시를 사용하여 오른발(1~5지)의 발톱 모두를 그라데이션으로 완성하시오. 단, 그라데이션 범위는 발톱 프리에지에서 시작하여 전체길이의 1/2 이상이며, 그라데이션은 스폰지를 이용하여 표현하고, 반월 부분은 침범하지 않도록 하시오.
8) 컬러 도포 시 프리에지 단면의 앞선까지 모두 도포하시오.
9) 베이스 코트 1회 → 흰색 그라데이션 도포 → 탑 코트 1회의 도포 순서로 완성하시오.

2. 수험자 유의사항

1) 모델 발톱의 준비상태는 빨강색 폴리시가 풀 컬러로 도포되어야 하며, 스퀘어 형태로 사전 작업이 되지 않은 자연형태를 유지하여야 합니다.
2) 자연네일 파일링 시 문지르거나 비비지 말고 한 방향으로 파일링하시오.
3) 발톱의 길이는 피부의 선단을 넘지 않도록 하시오.
4) 큐티클 연화제(큐티클 오일·리무버·크림), 멸균거즈는 작업 상황에 맞도록 적절히 사용하시오.
5) 탑 코트 후 마무리 시 오일을 사용하지 마시오.
6) 컬러 도포 시 네일 폴리시의 브러시를 사용하시오.
7) 큐티클 니퍼, 큐티클 푸셔, 클리퍼, 네일 더스트 브러시, 오렌지 우드스틱(푸셔용)은 알코올 소독 용기에 담가 두어야 합니다.

미용사(네일) 실기시험 안내

각 과제별 유의사항

자격종목	미용사(네일)	과제명	**선 마블링 젤 매니큐어**	표준시간 30분(연장시간 없음)

1. 요구사항

※ 지참 재료 및 도구를 사용하여 아래의 요구사항에 따라 젤 네일 폴리시 아트 선 마블링을 완성하시오.

1) 과제를 수행하기 위해 수험자의 손 및 모델의 손과 손톱을 소독하시오.
2) 필요한 경우 손톱 주변의 불필요한 각질이나 거스러미를 제거하기 위한 건식 케어를 실시할 수 있으며, 순서는 무관합니다.
3) 손톱 프리에지의 형태는 라운드로 조형하시오.
   ※ 라운드 : 도면과 같이 스트레스 포인트에서부터 프리에지까지 직선이 존재하고, 끝 부분은 라운드 형태를 이루어야 하며, 프리에지의 어느 곳에서도 각이 없는 상태
4) 자연손톱 표면을 버퍼로 정리한 후 주변의 잔여물 및 유·수분기를 제거하시오(표면에 네일 전 처리제를 사용할 수 있음).
5) 펄이 첨가되지 않은 순수 흰색과 빨강색 젤 네일 폴리시를 사용하여 왼손 1~5지의 손톱 모두를 선 마블링으로 완성하시오.
   ① 흰색과 빨강색 교대 배열 세로선 8개(흰색, 빨강색 각 4개) : 흰색과 빨강색을 번갈아가며 총 8개의 교차된 세로선을 일정한 간격으로 5개의 손톱 모두 균일하게 작업하시오.
   ② 마블링 가로 교차선 5줄 : 마블링을 표현하는 가로선은 완만한 곡선을 이루며, 좌우측 방향으로 번갈아가며 마블링이 되도록 명료하게 작업하시오.
   ③ 개별 손톱 내에서 각 선의 간격은 균일해야 합니다.
6) 컬러 도포 시 프리에지 단면의 앞 선까지 모두 도포하시오.
7) 젤 베이스 코트 1회 → 흰색과 빨강색 젤 폴리시 선 마블링 → 탑 젤 코트 1회의 순서로 도포하시오.
8) 젤 램프기기는 수험자의 상황에 맞도록 적절히 사용하시오.

2. 수험자 유의사항

1) 모델 손톱의 준비는 사전에 큐티클 정리가 되어 있는 상태를 유지하여야 합니다.
2) 자연네일 파일링 시 문지르거나 비비지 말고 한 방향으로 파일링하시오.
3) 길이는 옐로우 라인의 중심에서 프리에지 길이가 5mm 이내(네일 바디 전체의 1/2 정도)로 일정하게 작업하시오.
4) 큐티클 연화제(큐티클 오일·리무버·크림), 멸균거즈는 작업 상황에 맞도록 적절히 사용하시오.
5) 젤 폴리시 외 부적합한 제품(물감, 통젤, 빨강색을 벗어난 색) 등을 사용하지 마시오.
6) 컬러 도포 시 아트용 브러시를 사용할 수 있습니다.
7) 젤 경화 시간을 준수하여 필요 시 미 경화된 부분이 남지 않도록 작업하시오.
8) 탑 젤 코트 후 마무리 시 오일을 사용하지 마시오.
9) 큐티클 니퍼, 큐티클 푸셔, 클리퍼, 네일 더스트 브러시, 오렌지 우드스틱(푸셔용)은 알코올 소독 용기에 담가두어야 합니다.

미용사(네일) 실기시험 안내

각 과제별 유의사항

자격종목	미용사(네일)	과제명	부채꼴 마블링 젤 매니큐어	표준시간 30분(연장시간 없음)

1. 요구사항

※ 지참 재료 및 도구를 사용하여 아래의 요구사항에 따라 젤 네일 폴리시 부채꼴 마블링을 완성하시오.

1) 과제를 수행하기 위해 수험자의 손 및 모델의 손과 손톱을 소독하시오.
2) 필요한 경우 손톱 주변의 불필요한 각질이나 거스러미를 제거하기 위한 건식 케어를 실시할 수 있으며, 순서는 무관합니다.
3) 손톱 프리에지의 형태는 라운드로 조형하시오.
　※ 라운드 : 도면과 같이 스트레스 포인트에서부터 프리에지까지 직선이 존재하고, 끝 부분은 라운드 형태를 이루어야 하며, 프리에지의 어느 곳에서도 각이 없는 상태
4) 자연손톱 표면을 버퍼로 정리한 후 주변의 잔여물 및 유·수분기를 제거하시오(표면에 네일 전 처리제를 사용할 수 있음).
5) 펄이 첨가되지 않은 순수 흰색과 빨강색 젤 네일 폴리시를 사용하여 왼손 1~5지의 손톱 모두를 도면과 같이 부채꼴 마블링으로 완성하시오.
　① 교대 배열 가로선 총 7개(흰색 4개, 빨강색 3개) : 흰색과 빨강색을 번갈아가며 총 7개의 둥근 부채꼴 모양의 교차된 가로선을 일정한 간격으로 5개의 손톱 모두 균일하게 작업하시오.
　② 마블링 부채꼴 세로선 7줄 : 마블링을 표현하는 선은 구심점을 중심으로 7개의 세로선으로 마블링이 되도록 명료하게 작업하시오.
　③ 개별 손톱 내에서 가로선의 폭은 동일해야 합니다.
6) 컬러 도포 시 프리에지 단면의 앞 선까지 모두 도포하시오.
7) 젤 베이스 코트 1회 → 빨강색 폴리시 1회 이상 → 흰색과 빨강색 젤 폴리시 선 마블링 → 탑 젤 코트 1회의 순서로 도포하시오.
8) 젤 램프기기는 수험자의 상황에 맞도록 적절히 사용하시오.

2. 수험자 유의사항

1) 모델 손톱의 준비는 사전에 큐티클 정리가 되어 있는 상태를 유지하여야 합니다.
2) 자연네일 파일링 시 문지르거나 비비지 말고 한 방향으로 파일링하시오.
3) 길이는 옐로우 라인의 중심에서 프리에지 길이가 5mm 이내(네일 바디 전체의 1/2 정도)로 일정하게 작업하시오.
4) 큐티클 연화제(큐티클 오일·리무버·크림), 멸균거즈는 작업 상황에 맞도록 적절히 사용하시오.
5) 젤 폴리시 외 부적합한 제품(물감, 통젤, 빨강색을 벗어난 색 등)을 사용하지 마시오.
6) 컬러 도포 시 아트용 브러시를 사용할 수 있습니다.
7) 젤 경화 시간을 준수하여 필요 시 미경화된 부분이 남지 않도록 작업하시오.
8) 탑 젤 코트 후 마무리 시 오일을 사용하지 마시오.
9) 큐티클 니퍼, 큐티클 푸셔, 클리퍼, 네일 더스트 브러시, 오렌지 우드스틱(푸셔용)은 알코올 소독 용기에 담가 두어야 합니다.

미용사(네일) 실기시험 안내

각 과제별 유의사항

자격종목	미용사(네일)	과제명	내추럴 팁 위드 랩	표준시간 40분(연장시간 없음)

1. 요구사항

※ 지참재료 및 도구를 사용하여 아래의 요구사항에 따라 내추럴 팁 위드 랩을 완성하시오.

1) 과제를 수행하기 위해 수험자의 손 및 모델의 손과 손톱을 소독하시오.
2) 1과제 작업 상태의 모델 손톱을 3과제 작업에 적합하도록 전처리하시오.
    ① 사전 작업된 오른손 1~5지 손톱의 네일 폴리시를 모두 제거하시오.
    ② 모델의 자연손톱은 1mm 이하의 라운드 또는 오발(Oval) 형태로 준비하시오.
3) 자연손톱 색을 띤 내추럴색의 하프 웰 팁을 사용하여 오른손 중지, 약지 2개의 손톱에 도면과 같은 내추럴 팁 위드 랩을 완성하시오.
4) 부착된 팁은 길이 0.5~1cm 미만으로 모두 일정하게 맞추어 잘라내고, 가로 세로 모두 직선의 스퀘어 모양으로 조형하시오.
5) 팁의 경계선이 자연손톱과 매끄럽게 연결되도록 안전하고 자연스럽게 파일링하시오.
6) 글루(네일 글루, 젤 글루)는 수험자가 작업 상황에 맞도록 적절히 사용하되, 피부에 닿거나 흐르지 않도록 유의하시오.
7) 실크는 손톱범위에 따라 알맞게 큐티클 부분을 1mm 정도 남기고 재단 및 부착하여 사용하시오.
8) 필러 파우더는 수험자가 작업 상황에 맞도록 적절히 사용하시오.
9) 손톱표면은 중심(하이포인트)에서 좌우, 상하 사방의 굴곡이 자연스럽게 연결되고, 기포 없이 맑고 투명하게 완성하시오.
10) 인조손톱은 자연손톱 전체에 조형되어야 하며, 그 경계선을 매끄럽게 연결하되, 주변의 피부가 손상되거나 출혈되지 않도록 유의하시오.
11) 프리에지 C-커브는 원형의 20~40% 비율로, 두께는 0.5~1mm 이하로 일정하게 조형하시오.
12) 측면 사이드 스트레이트 선은 자연손톱에서부터 프리에지까지 연결선이 너무 올라가거나 쳐지지 않도록 하며 직선을 유지하여 만드시오.
13) 스퀘어 모양을 유지하여 2개 손톱 모두 일정하게 완성하시오.
14) 파일로 인한 거친 표면을 샌딩버퍼로 매끄럽게 정리하시오.
15) 광택용 파일을 사용하여 광택 마무리하시오.
16) 손과 손톱 주변의 먼지 혹은 사용된 오일을 깨끗이 제거하시오.
    ① 핑거볼, 네일 더스트 브러시, 멸균거즈, 큐티클 오일을 사용할 수 있습니다.
    ② 네일 더스트 브러시는 멸균거즈 등으로 물기를 완전히 제거한 후 사용하시오.

미용사(네일) 실기시험 안내

2. 수험자 유의사항

1) 시작 전 팁 크기를 선택해 놓거나 재단을 하거나 미리 붙이지 않아야 합니다.
2) 자연네일 파일링 시 문지르거나 비비지 말고 한 방향으로 파일링하시오.
3) 모델의 손과 손톱에 지저분한 큐티클 및 거스러미, 먼지나 문진이 없도록 항상 깨끗이 정리하시오.
4) 수험자와 모델은 작업 시작부터 끝까지 눈을 보호할 수 있도록 하시오.
5) 구조를 위한 네일도구(다울스, 핀칭 링, 핀셋)는 작업내용에 맞게 적절히 사용할 수 있습니다.
6) 마무리 작업의 먼지 및 오일 제거 시 핑거볼, 네일 더스트 브러시, 멸균거즈, 큐티클 오일을 사용할 수 있습니다.
7) 큐티클 니퍼, 큐티클 푸셔, 클리퍼, 네일 더스트 브러시, 오렌지 우드스틱(푸셔용)은 알코올 소독 용기에 담가 두어야 합니다.

미용사(네일) 실기시험 안내

각 과제별 유의사항

자격종목	미용사(네일)	과제명	젤 원톤 스컬프처	표준시간 40분(연장시간 없음)

1. 요구사항

※ 지참 재료 및 도구를 사용하여 아래의 요구사항에 따라 젤 원톤 스컬프처를 완성하시오.

1) 과제를 수행하기 위해 수험자의 손 및 모델의 손과 손톱을 소독하시오.
2) 1과제 작업 상태의 모델 손톱을 3과제 작업에 적합하도록 전처리하시오.
   ① 사전 작업된 오른손 1~5지 손톱의 네일 폴리시를 모두 제거하시오.
   ② 모델의 자연손톱은 1mm 이하의 라운드 또는 오발(Oval) 형태로 준비하시오.
3) 폼과 투명젤을 사용하여 오른손 중지, 약지 2개의 손톱에 도면과 같은 젤 원톤 스컬프처를 완성하시오.
4) 연장된 프리에지 길이는 중심 기준으로 0.5~1cm 미만이며, 가로 세로 직선의 스퀘어 모양으로 조형하시오.
5) 손톱표면은 중심(하이포인트)에서 좌우, 상하 사방의 굴곡이 자연스럽게 연결되고, 기포 없이 맑고 투명하게 완성하시오.
6) 인조손톱은 자연손톱 전체에 조형되어야 하며, 그 경계선을 매끄럽게 연결하되, 주변의 피부가 손상되거나 출혈되지 않도록 유의하시오.
7) 프리에지 C-커브는 원형의 20~40% 비율로, 두께는 0.5~1mm 이하로 일정하게 조형하시오.
8) 측면 사이드 스트레이트 선은 자연손톱에서부터 프리에지까지 연결선이 너무 올라가거나 쳐지지 않도록 하며 직선을 유지하여 만드시오.
9) 스퀘어 모양을 유지하여 2개 손톱 모두 일정하게 완성하시오.
10) 파일로 인한 거친 표면을 샌딩버퍼로 매끄럽게 정리하시오.
11) 탑 코트 젤로 도포하여 광택을 완성하시오.
12) 손과 손톱 주변의 먼지 혹은 사용된 오일을 깨끗이 제거하시오.
   ① 핑거볼, 네일 더스트 브러시, 멸균거즈, 큐티클 오일을 사용할 수 있습니다.
   ② 네일 더스트 브러시는 멸균거즈 등으로 물기를 완전히 제거한 후 사용하시오.

2. 수험자 유의사항

1) 시작 전 폼을 재단하거나 미리 붙이지 않아야 합니다.
2) 자연네일 파일링 시 문지르거나 비비지 말고 한 방향으로 파일링하시오.
3) 모델의 손과 손톱에 지저분한 큐티클 및 거스러미, 먼지나 분진이 없도록 항상 깨끗이 정리하시오.
4) 수험자와 모델은 작업시작부터 끝까지 눈을 보호할 수 있도록 하시오.
5) 젤 경화 시간을 준수하여 필요 시 미경화된 부분이 남지 않도록 작업하시오.
6) 젤 클렌저와 젤 램프기기 및 구조를 위한 네일도구(다올스, 핀칭 텅, 핀셋)는 작업 내용에 맞게 적절히 사용할 수 있습니다.
7) 마무리 작업의 먼지 및 오일 제거 시 핑거볼, 네일 더스트 브러시, 멸균거즈, 큐티클 오일을 사용할 수 있습니다.
8) 큐티클 니퍼, 큐티클 푸셔, 클리퍼, 네일 더스트 브러시, 오렌지 우드스틱(푸셔용)은 알코올 소독 용기에 담가 두어야 합니다.

미용사(네일) 실기시험 안내

각 과제별 유의사항

자격종목	미용사(네일)	과제명	**아크릴 프렌치 스컬프처**	표준시간 40분(연장시간 없음)

1. 요구사항

※ 지참 재료 및 도구를 사용하여 아래의 요구사항에 따라 프렌치 스컬프처를 완성하시오.

1) 과제를 수행하기 위해 수험자의 손 및 모델의 손과 손톱을 소독하시오.
2) 1과제 작업 상태의 모델 손톱을 3과제 작업에 적합하도록 전처리하시오.
   ① 사전 작업된 오른손 1~5지 손톱의 네일 폴리시를 모두 제거하시오.
   ② 모델의 자연손톱은 1mm 이하의 라운드 또는 오발(Oval) 형태로 준비하시오.
3) 화이트 폴리머, 핑크 또는 클리어 폴리머, 모노머와 폼을 사용하여 오른손 중지, 약지 2개의 손톱에 도면과 같은 프렌치 스컬프처를 완성하시오.
4) 스마일 라인은 선명하게 표현되어야 하고, 모양은 좌우 대칭이 되도록 조형하시오.
5) 제품 사용 시 기포가 생기거나 얼룩지지 않도록 주의하시오.
6) 연장된 프리에지 길이는 중심 기준으로 0.5~1cm 정도이며, 가로, 세로, 직선의 스퀘어 모양으로 조형하시오.
7) 손톱표면은 중심(하이포인트)에서 좌우, 상하, 사방의 굴곡이 자연스럽게 연결되고, 기포 없이 맑고 투명하게 완성하시오.
8) 인조손톱은 자연손톱 전체에 조형되어야 하며 그 경계선을 매끄럽게 연결하되, 주변의 피부가 손상되거나 출혈되지 않도록 유의하시오.
9) 프리에지 C-커브는 원형의 20~40% 비율로, 두께는 0.5~1mm 이하로 일정하게 조형하시오.
10) 측면 사이드 스트레이트 선은 자연손톱에서부터 프리에지까지 연결선이 너무 올라가거나 쳐지지 않도록 하며 직선을 유지하여 만드시오.
11) 스퀘어 모양을 유지하여 2개 손톱 모두 일정하게 완성하시오.
12) 파일로 인한 거친 표면을 샌딩버퍼로 매끄럽게 정리하시오.
13) 광택용 파일을 사용하여 광택 마무리하시오.
14) 손과 손톱 주변의 먼지 혹은 사용된 오일을 깨끗이 제거하시오.
   ① 핑거볼, 네일 더스트 브러시, 멸균거즈, 큐티클 오일을 사용할 수 있습니다.
   ② 네일 더스트 브러시는 멸균거즈 등으로 물기를 완전히 제거한 후 사용하시오.

2. 수험자 유의사항

1) 자연네일 파일링 시 문지르거나 비비지 말고 한 방향으로 파일링하시오.
2) 모델의 손과 손톱에 지저분한 큐티클 및 거스러미, 먼지나 분진이 없도록 항상 깨끗이 정리하시오.
3) 수험자와 모델은 작업시작부터 끝까지 눈을 보호할 수 있도록 하시오.
4) 폴리머 중 화이트 폴리머는 반드시 사용하여야 하며, 핑크 및 클리어 폴리머는 선택 가능합니다.
5) 구조를 위한 네일도구(다울스, 핀칭 텅, 핀셋)는 작업내용에 맞게 적절히 사용할 수 있습니다.
6) 마무리 작업의 먼지 및 오일 제거 시 핑거볼, 네일 더스트 브러시, 멸균거즈, 큐티클 오일을 사용할 수 있습니다.
7) 큐티클 니퍼, 큐티클 푸셔, 클리퍼, 네일 더스트 브러시, 오렌지 우드스틱(푸셔용)은 알코올 소독 용기에 담가 두어야 합니다.

미용사(네일) 실기시험 안내

각 과제별 유의사항

| 자격종목 | 미용사(네일) | 과제명 | 네일랩 익스텐션 | 표준시간 40분(연장시간 없음) |

1. 요구사항(제3과제)

※ 지참 재료 및 도구를 사용하여 아래의 요구사항에 따라 네일랩 익스텐션을 완성하시오.

1) 과제를 수행하기 위해 수험자의 손 및 모델의 손과 손톱을 소독하시오.
2) 1과제 작업 상태의 모델 손톱을 3과제 작업에 적합하도록 전처리하시오.
   ① 사전 작업된 오른손 1~5지 손톱의 네일 폴리시를 모두 제거하시오.
   ② 모델의 자연손톱은 1mm 이하의 라운드 또는 오발(Oval) 형태로 준비하시오.
3) 실크 랩, 네일 글루, 젤 글루, 필러 파우더를 사용하여 오른손 중지, 약지 2개의 손톱에 도면과 같은 네일랩 연장을 완성하시오.
4) 연장된 프리에지의 길이는 0.5~1cm 미만으로 모두 일정하게 맞춰 잘라내고, 가로 세로 모두 직선의 스퀘어 모양으로 조형하시오.
5) 글루(네일 글루, 젤 글루 등)은 수험자가 작업 상황에 맞도록 적절히 사용하되, 피부에 닿거나 흐르지 않도록 유의하시오.
6) 실크는 손톱 범위에 따라 알맞게 큐티클 부분을 1mm 정도 남기고 재단 및 부착하여 사용하시오.
7) 필러 파우더는 수험자가 적업 상황에 맞도록 적절히 사용하시오.
8) 손톱표면은 중심(하이포인트)에서 좌우, 상하 사방의 굴곡이 자연스럽게 연결되고, 기포 없이 맑고 투명하게 완성하시오.
9) 인조손톱은 자연손톱 전체에 조형되어야 하며 그 경계선을 매끄럽게 연결하되, 주변의 피부가 손상되거나 출혈되지 않도록 유의하시오.
10) 프리에지 C-커브는 원형의 20~40% 비율로, 두께는 0.5~1mm 이하로 일정하게 조형하시오.
11) 측면 사이드 스트레이트선은 자연손톱에서부터 프리에지까지 연결선이 너무 올라가거나 쳐지지 않도록 하며 직선을 유지하여 만드시오.
12) 스퀘어 모양을 유지하여 2개 손톱 모두 일정하게 완성하시오.
13) 파일로 인한 거친 표면을 샌딩버퍼로 매끄럽게 정리하시오.
14) 광택용 파일을 사용하여 광택 마무리하시오.
15) 손과 손톱 주변의 먼지 혹은 사용된 오일을 깨끗이 제거하시오.
   ① 핑거볼, 네일 더스트 브러시, 멸균 거즈, 큐티클 오일을 사용할 수 있습니다.
   ② 네일 더스트 브러시는 멸균 거즈 등으로 물기를 완전히 제거한 후 사용하시오.

미용사(네일) 실기시험 안내

2. 수험자 유의사항

1) 시작 전 실크 랩을 재단하거나 미리 붙이지 않아야 합니다.
2) 자연네일 파일링 시 문지르거나 비비지 말고 한 방향으로 파일링하시오.
3) 모델의 손과 손톱에 지저분한 큐티클 및 거스러미, 먼지나 분진이 없도록 항상 깨끗이 정리하시오.
4) 수험자와 모델은 작업 시작부터 끝까지 눈을 보호할 수 있도록 하시오.
5) 구조를 위한 네일도구(핀칭 봉, 핀칭 텅, 핀셋)는 작업 내용에 맞게 적절히 사용할 수 있습니다.
6) 마무리 작업의 먼지 및 오일 제거 시 핑거볼, 네일 더스트 브러시, 멸균 거즈, 큐티클 오일을 사용할 수 있습니다.
7) 큐티클 니퍼, 큐티클 푸셔, 클리퍼, 네일 더스트 브러시, 오렌지 우드스틱(푸셔용)은 알코올 소독 용기에 담가 두어야 합니다.

미용사(네일) 실기시험 안내

각 과제별 유의사항

| 자격종목 | 미용사(네일) | 과제명 | **인조네일 제거** | 표준시간 15분(연장시간 없음) |

1. 요구사항

※ 지참 재료 및 도구를 사용하여 아래의 요구사항에 따라 인조네일을 제거하시오.

1) 과제를 수행하기 위해 수험자의 손 및 모델의 손과 손톱을 소독하시오.
2) 전 과제에 조형된 인조손톱 중 중지의 손톱을 제거하시오.
3) 자연손톱의 경계선을 파악한 뒤 연장된 프리에지를 안전하게 잘라내시오.
4) 자연손톱과 주변에 상처가 나지 않도록 유의하여 인조손톱의 표면 두께를 적당히 갈아내시오.
5) 아세톤을 적신 솜을 올리고 호일로 감싸듯 마감하시오(단, 피부의 보습을 위하여 큐티클 오일을 사용하여야 하며, 젤의 종류에 따라 쏙 오프 과정을 생략할 수 있습니다).
6) 일정한 시간이 흐른 후 녹은 부분을 적절히 제거하시오(단, 젤의 종류에 따라 쏙 오프 과정을 생략할 수 있습니다).
7) 손톱 위 잔여물을 깨끗이 제거하시오.
8) 자연손톱의 프리에지 모양을 라운드 혹은 오발(Oval)로 완성 후 표면을 매끄럽게 정리하시오.
9) 마무리로 손과 손톱 주변의 먼지를 깨끗이 제거하시오.
  ① 핑거볼, 네일 더스트 브러시, 멸균거즈, 큐티클 오일을 사용할 수 있습니다.
  ② 네일 더스트 브러시는 멸균거즈 등으로 물기를 완전히 제거한 후 사용하시오.

2. 수험자 유의사항

1) 인조손톱의 두께를 파일링으로 제거할 시 자연손톱과 주변에 상처가 나지 않도록 유의하시오.
2) 자연네일 파일링 시 문지르거나 비비지 말고 한 방향으로 파일링하시오.
3) 모델의 손과 손톱에 지저분한 큐티클 거스러미, 오일, 먼지나 분진 등의 잔여물이 없도록 항상 깨끗이 정리하시오.
4) 필요 시 요구사항의 4번과 5번의 작업을 반복할 수 있으며, 우드스틱, 메탈 푸셔, 파일은 선택하여 중복 사용할 수 있습니다.
5) 제거 작업 시 광택용 파일 및 전동파일 기기(전기드릴 기기)는 사용할 수 없습니다.
6) 마무리 작업 시 핑거볼, 멸균거즈, 큐티클 오일을 사용할 수 있습니다.
7) 큐티클 니퍼, 큐티클 푸셔, 클리퍼, 네일 더스트 브러시, 오렌지 우드스틱(푸셔용)은 알코올 소독 용기에 담가두어야 합니다.

미용사(네일) 실기시험 안내

수험자 지참 재료 목록

일련 번호	지참 공구명	자격종목 규격	단위	수량	미용사(네일) 비고
1	모델		명	1	모델 기준 참조
2	위생 가운		개	1	흰색, 작업자용(1회용 가운 불가)
3	보안경(투명한 렌즈)		개	2	안경으로 대체 가능(3교시에 착용)
4	마스크(흰색)		개	각 1	모델, 수험자
5	손목 받침대 또는 타월(흰색)	40×80cm 내외 정도	개	1	흰색, 손목 받침용
6	타월(흰색)	40×80cm 내외 정도	개	1	작업대 세팅용
7	소독제	액상 또는 젤	개	1	도구, 피부 소독용
8	소독용기		개	1	도구, 피부 소독용
9	탈지면 용기		개	1	뚜껑이 있는 용기
10	위생봉지(투명비닐)		개	1	쓰레기 처리용 (투명 비닐)
11	페이퍼 타월		개	1	흰색
12	핑거볼		개	1	
13	큐티클 푸셔		개	1	스테인리스 스틸
14	큐티클 니퍼		개	1	스테인리스 스틸
15	클리퍼		개	1	스테인리스 스틸
16	인조손톱용 파일		개	1	미사용품
17	샌딩파일		개	1	미사용품
18	광택용 파일		개	1	미사용품
19	더스트 브러시		개	1	네일용
20	분무기		개	1	페디큐어용
21	토우 세퍼레이터		개	1	발가락 끼우개용
22	아크릴 브러시	8호~10호 정도	개	1	본인 필요 수량
23	아트용 세필 브러시		개	1	본인 필요 수량
24	젤 램프기기		개	1	젤 네일 경화용 UV 또는 LED 등(핀타입도 사용가능)
25	팁 커터		개	1	
26	탈지면(화장솜)		개	1	소독용 솜
27	큐티클 오일		개	1	
28	지혈제		개	1	소독용
29	실크가위		개	1	
30	디펜디쉬		개	1	아크릴 스컬프처용
31	큐티클 연화제		개	1	큐티클 오일 또는 큐티클 크림 또는 큐티클 리무버 등
32	베이스 코트		개	1	네일용
33	탑 코트		개	1	네일용
34	네일 폴리시(빨간색)		개	1	네일용
35	네일 폴리시(흰색)		개	1	네일용
36	폴리시 리무버		개	1	디스펜서 가능
37	네일용 글루		개	1	투명
38	네일용 젤 글루		개	1	투명
39	글루 드라이어		개	1	글루 엑티베이터
40	필러 파우더		개	1	파우더형
41	네일 팁	웰선이 있는 형	개	1	내추럴 하프웰팁(스퀘어)

미용사(네일) 실기시험 안내

일련 번호	지참 공구명	자격종목 규격	단위	수량	미용사(네일) 비고
42	실크		개	1	재단하지 않은 상태
43	아크릴릭 리퀴드		개	1	
44	아크릴릭 파우더(투명 또는 핑크)		개	1	
45	아크릴릭 파우더(흰색)		개	1	
46	네일 폼		개	1	재단하지 않은 상태
47	젤(투명)	하드젤 또는 소프트젤	개	1	스컬프처용
48	젤 클렌저		개	1	젤 네일용
49	베이스 젤		개	1	젤 네일용
50	탑젤		개	1	젤 네일용 미경화가 남지않는 젤도 사용 가능
51	젤 네일 폴리시(빨간색)	통젤 제외	개	1	젤 네일용
52	젤 네일 폴리시(흰색)	통젤 제외	개	1	젤 네일용
53	젤 브러시		개	1	젤 오버레이용
54	정리함(바구니)	20×30cm 이상 정도	개	1	흰색, 도구 및 재료 수납용
55	스폰지		개	필요량	그라데이션용
56	오렌지 우드스틱		개	필요량	
57	멸균 거즈		개	필요량	네일 관리용
58	보온병(미온수 포함)		개	1	매니, 페디큐어용
59	쏙 오프 전용 리무버		개	1	
60	호일	8×8cm 이하 정도	개	필요량	쏙 오프용
61	자연손톱용 파일		개	1	미사용품

※ 타월류의 경우는 비슷한 크기이면 무방합니다.
※ 네일 전처리제(프라이머, 프리 프라이머)는 추가 지참이 가능합니다.
※ 펀칭 집게, 붓 거치대는 지참이 불가합니다.
※ 폴리시·쏙오프 전용 리무버, 젤 클렌저, 소독제를 제외한 주요 화장품을 덜어서 가져오시면 안됩니다.
※ 네일 파일류는 폐기대상이 아닙니다.
※ 공개문제 및 수험자 지참 준비물에 언급된 도구 및 재료 중 기타 실기시험에서 요구한 작업 내용에 영향을 주지 않는 범위 내에서 수험자가 네일미용 작업에 필요하다고 생각되는 재료 및 도구 등은[예] 네일 폴리시, 파일류 등]더 추가 지참할 수 있으며, 물티슈 등은 위생적으로 검증이 어려워 사용이 불가하므로 멸균 거즈를 그 대용으로 사용하시기 바랍니다.
※ 수험자 복장 : 마스크(흰색) 착용, 상의·흰색 위생가운, 하의·긴 바지(색상 및 소재 무관)
※ 모델 복장 : 마스크 착용(흰색), 상의 – 흰색 무지 상의(소재 무관, 남방 및 니트류 허용, 유색 무늬 불가, 아이보리 색 등 포함 유색 불가), 하의 – 긴 바지(색상 및 소재 무관)
※ 모델의 오른손·발 1~5지의 손·발톱은 큐티클 정리가 충분히 가능한 상태로 오른손 1~5지의 손톱은 스퀘어 또는 스퀘어 오프형으로 사전 준비되어야 하고, 오른발 1~5지의 발톱은 라운드 또는 스퀘어 오프형으로 사전 준비되어야 하며, 오른손 1~5지와 오른발 1~5지의 손·발톱은 펄이 미함유된 빨강색 네일 폴리시가 사전에 완전히 건조된 상태로 2회 이상 풀 코트로 도포되어 있어야 합니다.
※ 수험자와 모델은 보안경 또는 안경(무색, 투명)을 지참하며 필요한 작업 시 착용해야 합니다.

미용사(네일) 실기시험 안내

※ 모델은 만 14세 이상의 신체 건강한 남, 여(연도 기준)로 아래의 조건에 해당하지 않아야 합니다.
　① 자연손톱이 열 개가 아니거나 열 개를 모두 사용할 수 없는 자(단, 발톱은 한쪽 발 기준으로 자연발톱이 다섯 개가 아니거나 다섯 개를 모두 사용할 수 없는 자)
　② 손·발톱 미용에 제한을 받는 무좀, 염증성 손·발톱질환을 가진 자
　③ 호흡기 질환, 민감성 피부, 알레르기 등이 있는 자
　④ 임신 중인 자
　⑤ 정신질환자

※ 수험자가 동반한 모델도 신분증을 지참하여야 하며, 공단에서 지정한 신분증을 지참하지 않은 경우, 모델로 시험에 참여가 불가능합니다.

※ 물어뜯는 손톱, 파고드는 발톱, 멍든 손·발톱 등은 염증성 질환이 아닌 경우 대동 모델기준으로 가능하며 별도의 감점처리 대상이 되지 않습니다.

※ 모델의 손·발톱 상태는 자연손·발톱 그대로여야 하며 손·발톱이 보수되어 있을 경우 오른손, 왼손, 오른발 각 부위별 2개까지 허용하며 자연손톱 상태로 길이 연장 등도 가능합니다(단, 오른손 3, 4지는 제외).

※ 모델의 발을 지탱하기 위한 보조 도구로 필요 시에 발판(흰색), 타월(흰색), 쿠션(흰색), 박스 등을 흰색 타월이나 종이 등으로 싸오는 경우 등도 가능하며 모델의 발을 책상에 올리는 자세로는 작업이 불가합니다.

※ 네일 팁 사양
　- 사용 가능한 네일 팁 : 내추럴 하프웰팁(스퀘어) - 웰선이 있는 형
　- 사용 불가능한 네일 팁 : 웰선이 없는 형, 하프팁이 아닌 풀팁형 등

※ 인조네일 과제의 프리에지 C-커브는 원형의 20~40%의 비율까지 허용이 됨을 참고하시기 바랍니다(인조네일 과제의 길이 : 프리에지 중심기준으로 0.5~1cm미만).

※ 수험자의 복장상태 중 위생복 속 반팔 또는 긴팔 티셔츠가 밖으로 나온 것도 감점사항에 해당됨을 양지 바랍니다.

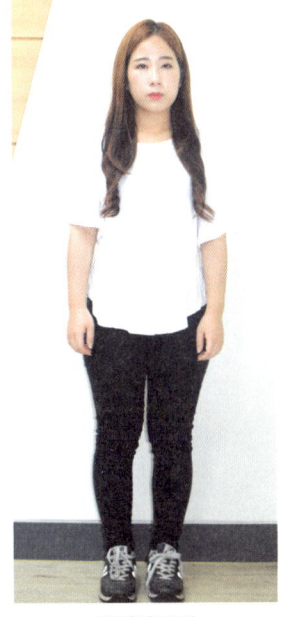
모델의 복장

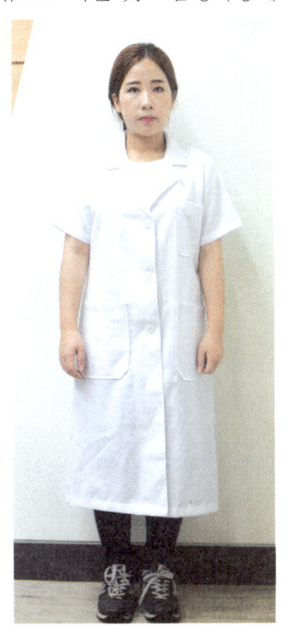
수험자의 복장

CONTENTS

Part 1
제1과제
매니큐어 및
페디큐어

Chapter 1. 미용사(네일) 실기 _ 32
 – 네일숍 위생
 – 미용기구 소독
 – 손·발 소독

Chapter 2. 매니큐어 _ 52
 – 일반네일 화장물제거
 – 네일화장물 적용 전처리
 – 네일화장물 적용 마무리

Chapter 3. 페디큐어 _ 73
 – 네일화장물 적용 마무리
 – 자연네일 보강

Part 2
제2과제
젤 매니큐어

Chapter 1. 풀 코트 젤 매니큐어 _ 86
 – 네일화장물 적용 전처리

Chapter 2. 마블링 젤 매니큐어 _ 92

Part 3
제3과제
인조네일

Chapter 1. 인조네일 미용기술 이론편 _ 110

Chapter 2. 내추럴 팁 위드 랩 _ 120
 – 네일화장물 제거
 – 내추럴 팁 위드 파우더

Chapter 3. 젤 원톤 스컬프처 _ 131

Chapter 4. 아크릴 프렌치 스컬프처 _ 139

Chapter 5. 네일랩 익스텐션 _ 145

Part 4
제4과제
인조네일 제거

Chapter 1. 인조네일 제거 _ 154

부록
아트 네일

Chapter 1. 일반네일 장식 _ 160

Part 1

매니큐어 및 페디큐어

제1과제
60분

Chapter 1. 미용사(네일) 실기
Chapter 2. 매니큐어
Chapter 3. 페디큐어

Chapter 1 미용사(네일) 실기

미용사(네일) 실기시험은 지정된 시간에 수험자와 모델이 시험장에 함께 입실하여 시험위원에 지시에 따른다. 이때 본인임을 확인할 수 있는 증명서로서 수험자는 수험표, 모델은 신분증을 지참해야 한다.

Section 01 네일숍 위생

1 미용기구 소독

① 네일도구는 비눗물로 세척한 후 마른 수건으로 물기를 닦고 자외선 소독기에 보관한다.
② 핑거볼은 가능한 한 1회용으로 사용하고, 부득이한 경우 소독 처리 후 사용한다.
③ 오렌지 우드스틱, 파일, 면봉 등은 소모품으로 1인 1기 사용 후 폐기한다.
④ 니퍼, 랩 가위, 메탈 푸셔 등은 소독제에 소독한 다음 흐르는 물에 헹구어 마른 수건으로 닦는다. 세척이 끝나면 자외선 소독기에 넣어두고 작업할 때마다 꺼내 사용한다.
⑤ 리넨과 타월 등은 고객 1인에 한해 1회 사용한 후 뜨거운 물로 세탁하고 통풍이 잘 되는 곳에서 햇볕에 말린다.
⑥ 사용 후 이물질이 묻은 도구는 즉시 버리거나 반드시 소독한 후 사용하고, 사용 전후의 도구는 따로 보관한다.

2 손·발 소독

(1) 손소독

작업자	고객
• 고객에게 작업을 제공하기 직전에 손을 세척한 후 탈지면(70% 알코올을 적신)으로 손등 – 손바닥 – 손가락 사이 순서로 양손을 번갈아가며 소독한다. • 작업이 끝날 때마다 항균비누와 손세척용 브러시를 사용하여 흐르는 미지근한 물에 40~50초간 깨끗이 씻고 일회용 종이타월이나 손건조기를 이용물기를 제거한다.	• 탈지면에 손소독제를 분사하여 적신 후 고객의 손을 한 손으로 받치고 손등을 닦으며 손을 뒤집어서 손바닥을 손가락 쪽으로 닦아낸다. 넓은 쪽을 닦은 후 손가락 사이사이를 차례대로 소독한다. • 나머지 한쪽 손도 동일한 방법과 순서로 소독한 후 사용한 탈지면은 폐기 처리한다.

(2) 발소독

- 손소독하기와 동일하게 작업자의 손을 먼저 소독한다.
- 고객의 발을 소독한다.
  – 발전용 소독제를 탈지면에 적신 후 고객의 발을 한 손으로 받치고 발등을 닦은 후 발을 옆으로 돌려서 발바닥을 발가락으로 향해 아래로 닦고 발가락 사이사이를 차례대로 소독한다.
  – 나머지 한쪽 발도 동일한 방법으로 소독한 후 사용한 탈지면은 폐기 처분한다.

Section 02 네일도구 및 재료

시중에서 판매되는 제품으로 준비해야 한다(라벨링 불가).

1 네일기기 및 도구

(1) 네일기기

제품	기능	
폴리시 드라이어 (전기 네일 드라이어) (Electronic Nail Dryer)	• 손톱색조화장 후 폴리시를 건조시키는 전기기구이다. Tip • 사용시간은 20분 정도로 온풍, 냉풍 등의 바람에 의해 건조된다.	
젤 램프기기	• 젤 큐어링 카이트라고도 하며 젤을 굳힐 때 사용한다. • 작업 과정에 따라 10초~3분 정도 경화시킨다. Tip • UV 젤을 굳게 만드는 자외선 또는 할로겐 전구가 들어 있다. 라이트의 종류와 형태는 회사에 따라 다양하다. • 램프는 플라스틱 본체(조사기, 기기)에 감싸여 빛이 밖으로 새어 나가지 않는다.	

(2) 네일도구

제품	기능	
정리함	• 각 과제별 도구 및 재료 수납용(20×30cm 이상)	
큐티클 니퍼(Cuticle Nipper)	• 조체의 큐티클과 주변의 굳은 거스러미를 제거할 때 사용되는 가위이다. • 감염이 되기 쉬우므로 소독 후 사용한다.	
큐티클 푸셔(Cuticle Pusher)	• 큐티클을 밀어 올릴 때 사용한다. • 메탈푸셔 이외에 스톤푸셔도 있다. Tip • 네일의 조구(측·후 조곽)에 45° 정도로 하여 손상되지 않도록 밀어 올린다. • 스톤푸셔(Stone Pusher) : 누드스킨 또는 조체주변 각질과 거스러미 등을 제거하는 데 사용된다.	

Chapter 1 | 미용사(네일) 실기

제품	기능	
네일 클리퍼(Nail Clipper)	• 자연네일과 인조네일의 조체길이를 자르는 도구이다. **Tip** 손(발)톱깎기로 전문가용(일자형)을 사용한다.	
팁 커터(Tip Cutter)	• 인조네일을 자르는 데 사용한다.	
디스크 패드(Disk Pad)	• 라운드 패드라고도 하며 파일 후 조체의 잔해, 조체 밑이나 조곽 내 거스러미 제거에 사용한다.	
더스트 브러시(Dust Brush)	• 자연네일의 모양을 다듬거나 인조네일 작업 시 또는 작업 후 조체의 잔해와 이물질을 제거할 때 사용한다. • 습식 매니큐어 작업 시 물에 담궜던 조체 밑의 이물질을 세척할 때 사용한다.	
핑거볼(Finger Bowl)	• 습식 매니큐어 시 큐티클을 불리기 위해 손가락을 담그는 용기이다. • 미온수를 담아 사용한다.	
샌딩블럭(Sanding Block)	• 샌딩버퍼라고도 하며 화이트·블랙 2가지가 있다. • 조체 표면의 가로, 세로 줄에 의한 거칠음을 매끄럽게 정리할 때 사용한다. **Tip** • 화이트 샌딩블럭 : 자연네일의 표면을 정리하거나 유분을 제거할 때, 파일 사용 후 거스러미를 제거할 때 사용한다. • 블랙 샌딩블럭 : 거친 표면의 인조팁을 매끄럽게 정리할 때 사용한다.	
에머리보드(우드 파일) (Emery Board)	자연네일의 모양이나 길이를 변경할 때 사용한다.	
파일(File)	인조네일(팁 부착하기, 아크릴 네일, 젤 네일 등)의 모양이나 길이를 변경할 때 사용한다. **Tip** 그릿(Grit) 사용 • 인조네일 길이 및 두께(면)를 정리할 때 • 100그릿 : 거친 파일로서 팁 턱을 제거할 때 • 150그릿 : 스트레스 포인트 연결 부분과 자유연 말단 부분 정리 • 180그릿 : 부드러운 파일로서 큐티클 주위와 조체의 모양을 인위적으로 만들거나 정리할 때 사용	

제품	기능	
삼색파일 (3way File)	• 샤이니 블럭(Shiny Block)이라고도 한다. • 파일 면의 거칠기가 3면으로 구성되어 있다. • 조체를 정리한 후 조체 표면에 광을 낼 때 사용한다.	
손목 받침대 (Wrist Support)	• 작업받는 동안 고객의 손목과 팔을 편안하게 해준다.	
오렌지 우드스틱 (Orange Wood Stick)	• 큐티클을 밀어 올릴 때, 조체의 이물질을 제거할 때, 조체 주변에 묻은 컬러 또는 제품 등을 제거할 때 사용한다. • 스틱 끝에 솜을 말아서 사용하며, 일회용으로 사용 후 폐기 처리한다.	
토우 세퍼레이터 (Toe Seperator)	• 발가락과 발가락 사이를 벌려 컬러가 묻지 않도록 불편 없이 고정시킴으로써 페디 작업을 용이하게 한다.	
실크 가위 (Wrap Scissors)	• 랩 가위라 하며 실크, 린넨, 파이버 글래스 등 천을 재단할 때 사용하는 작은 가위이다.	
젤 브러시 (Gel Brush)	• 퍼짐성이 좋고 받침대가 긴 브러시로서 조체 표면에 젤 볼을 얹을 때 사용한다.	
아크릴 브러시 (Acrylic Brush)	• 아크릴 볼을 조체 위에 얹어 인조네일을 만드는 데 사용되며, 붓의 모양, 크기에 따라 여러 종류가 있다.	
디펜디쉬 (Dependish)	• 아크릴 리퀴드 또는 아크릴 파우더를 덜어 쓰는 용기이다.	
디스펜서 (Dispenser)	• 액체 용액을 담아두는 용기이다. • 폴리시 리무버, 아세톤 등을 덜어 쓰는 용기로서 펌프식이다.	

Chapter 1 | 미용사(네일) 실기

제품	기능
도구 소독용기 (Water Sanitizer)	• 소독용기는 에틸알코올 소독액을 채워 사용한다.
스팻툴라 (Spatula)	• 크림 또는 파우더 등의 제품을 덜어낼 때 사용한다. • 플라스틱 또는 나무 재질로서 일회용 소모품이다.
아트 브러시 (Art Brush)	• 핸드 페인팅 시 사용하는 브러시이다.
페디 신발 (Pedi Slaipper)	• 페디큐어 시 고객이 페디 작업대에 앉아 착용하는 슬리퍼이다.

※ 모든 도구는 고객 한 사람에 하나의 소독된 도구를 사용해야 한다.

2 네일재료

기술	제품	역할
레귤러 기술 재료	피부 소독제 (Antiseptic)	• 네일피부 소독제로 작업 전 청결을 위해 작업자와 고객의 손(발) 등, 손(발)바닥, 손(발)톱 등을 소독한다.
	도구 소독제	• 알코올을 이용하여 도구 등을 소독한다.
	폴리시 리무버 (Polish Remover)	• 논 아세톤 타입으로 조체에 컬러된 폴리시를 제거할 때 사용하는 리무버이다. • 퓨어 아세톤(리무버 원액)타입 : 쏙 오프(Sock off) 리무버라고도 하며, 인조네일(네일팁) 등을 녹일 때 사용한다.

기술	제품	역할	
레귤러 기술 재료	지혈제 (Styptic Liquid & Powder)	• 액체 또는 분말형으로 출혈 부위에 바르거나 오렌지 우드스틱 끝에 솜을 말아 지혈제를 묻혀 살며시 꼭 눌러준다.	
	탈지면(Cotton)	• 코튼 재질로서 뚜껑 있는 용기에 담아 청결하게 보관한다.	
	페이퍼 타월 (Paper Tower)	• 네일테이블 위에 얹거나 작업 시 조체 잔해, 핑거볼이나 각탕기에서 연화시킨 조체나 물기를 제거할 때 사용된다.	
	큐티클 오일 (Cuticle Oil)	• 조체 주변과 큐티클에 유분과 수분을 공급하며, 큐티클 제거 시 유연하고 부드럽게 한다.	
	큐티클 리무버 (Cuticle Remover)	• 큐티클 오일과 같이 사용하며, 큐티클을 연화시켜 제거 작업을 용이하게 한다. Tip • 숍에서 건식 매니큐어 시 큐티클 오일과 함께 사용하는 제품이다.	
	마스크	• 네일 작업 시 입과 코를 감싸는 마스크이다.	
	위생 가운	• 네일 작업 시 착용하는 흰 가운이다.	
	네일 보강제 (Nail Hardner)	• 약한 자연네일에 베이스 코트를 바르기 전에 도포한다. Tip • 크림형, 연필형, 페이스트형 등이 있다.	
	베이스 코트 (Base Coat)	• 조체가 유색 컬러에 착색되는 것을 방지한다. Tip • 자연네일의 변색, 오염 및 착색을 방지하고, 유색 컬러를 밀착시키는 역할을 한다.	
	네일 폴리시 (Nail Polish)	• 조체에 색을 입히는 네일색조화장용 컬러 액체로서 에나멜 또는 락커라고도 한다.	

Chapter 1 | 미용사(네일) 실기

기술	제품	역할	
레귤러 기술 재료	탑 코트 (Top Coat)	• 실러(Sealer)라고도 하며, 유색 폴리시를 칠한 네일에 광택을 준다. • 송진 성분으로 폴리시가 쉽게 벗겨지지 않도록 보호한다.	
스페셜 테크닉 재료	핸드 로션 (Hand Lotion)	• 조체 주변의 피부 보습을 위해 사용한다.	
	폴리시 퀵 드라이어 (Polish Quick Dryer)	• 스프레이형으로 컬러된 폴리시의 건조를 빠르게 진행시킨다.	
	네일 팁 (Nail Tip)	• 자연네일의 길이 연장 시 사용하는 인조손톱이다. **Tip** • 클리어·내추럴·화이트·컬러·디자인 팁 등 종류가 다양하다.	
	실크 (Silk)	• 자연네일에 연장된 팁(랩) 위를 감싸는 데 사용된다.	
	글루 (Glue)	• 팁 부착제에서 팁 웰 또는 조체면의 접착제로 사용된다. **Tip** • 네일 팁 또는 랩 시 젤 글루보다 점도가 낮아 빨리 스며든다.	
	젤 글루 (Gel Glue)	• 인조팁을 자연네일에 접착시키거나 두께(면)를 조절할 때 쓰인다. **Tip** • 글루 도포 후 덧 발라주는 제품으로 글루보다 접착력이 뛰어나 팁을 오래 유지시킨다.	
	필러 파우더 (Filler Powder)	• 인조팁을 사용하여 자연네일 연장 시 두께를 조절해 주는 가루타입이다.	
	글루 드라이어 (Glue Dryer)	글루나 젤 글루를 빠르게 건조시키고 접착력을 강하게 해주는 스프레이형이다. **Tip** • 사용 시 10 ~ 15cm 거리에서 분사한다.	

기술	제품	역할	
스페셜 테크닉 재료	아크릴 리퀴드 (Acrylic Liquid)	• 액상타입으로서 아크릴 파우더 분말을 녹여 볼을 만드는 데 사용된다. Tip • 취기가 강하므로 사용 시 주의한다.	
	아크릴 파우더 (Acrylic Powder)	• 아크릴 볼에 사용되는 파우더로서 핑크·클리어·내추럴·화이트 등의 다양한 색상이 있다.	
	프라이머 (Primer)	• 아크릴 또는 젤 제품이 네일표면에 잘 부착되도록 발라주는 것으로 손톱판의 pH 조직체, 방부제 역할을 한다.	
	프리프라이머 (Preprimer)	• 손톱판의 유·수분을 제거한다. • 프라이머를 바르기 전에 사용한다.	
	브러시 클리너 (Brush Cleaner)	• 아크릴 볼 작업 시 또는 손톱판이 끝나고 브러시를 세척할 때 사용한다.	
	네일 폼 (Nail form)	• 스컬프처 네일 작업 시 젤 또는 아크릴 볼을 얹는 데 사용하는 받침대이다.	
	젤 클리너 (Gel Cleaner)	• 건조(큐어) 후 조체 표면에 남아있는 미경화 젤을 닦아내는 역할을 한다.	
	젤 본더 (Gel Bonder)	• 젤 볼이 자연네일에 잘 접착되도록 발라주는 역할을 한다(단, 제조회사가 젤 본더를 '바르시오'라고 명시한 경우에만 바른다).	
	탑 젤 (Top Gel)	• 젤 볼 도포 후 젤 네일표면에 광택을 주기 위해 사용한다.	

Chapter 1 | 미용사(네일) 실기

기술	제품	역할	
스페셜 테크닉 재료	베이스 젤 (Base Gel)	• 젤 볼 도포 전 조체를 보호하고 착색을 방지하기 위해 사용한다.	
	젤 폴리시 (Gel Polish)	• 레드 또는 화이트 투명 젤로서 조체를 연장할 때 사용한다. **Tip** • 소프트 젤 : 전용 리무버를 사용하여 제거할 수 있다. • 하드 젤 : 파일로 제거해야 한다. • 화이트 젤은 프리에지 또는 딥 프렌치 컬러링에 사용한다.	
	호일 (Foil)	• 코튼지에 전용 아세톤을 묻혀 인조네일에 얹은 후 아세톤이 휘발되지 않도록 감싸는 데 사용된다.	
	보안경	• 팁 부착, 아크릴 네일, 젤 네일 작업 시 사용한다.	
	멸균거즈	• 브러시 또는 더스트 브러시의 소독액을 닦는 데 사용한다.	
	장갑	• 프라이머 도포 시 사용한다.	
	핀셋	• 스티커 데칼 시 사용한다.	

※ 그 외 물 스프레이, 보온병, 알코올, 스폰지, 스카치 테이프, 위생 봉투 등이 있다.

Section 03 네일도구 및 제품의 실제

네일의 모든(손질 및 색조화장 포함) 작업 순서와 방향은 고객의 관점에서 서술된다.

1 네일도구의 사용법

(1) 오렌지 우드스틱

① 네일 큐티클을 밀어 올릴 때 사용한다.

② 조체판에 대하여 45° 각도를 유지시킨다.

③ 가볍게 밀어 올려준다.

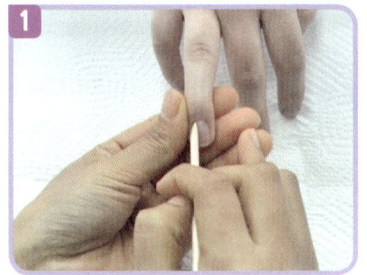
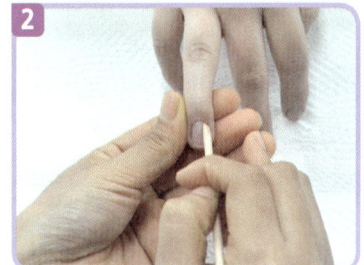
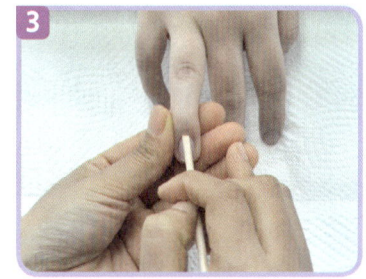

(2) 푸셔

① 푸셔를 연필처럼 쥔다.

② 조체판에 대하여 45°를 유지한다.

③ 큐티클을 가볍게 밀어준다.

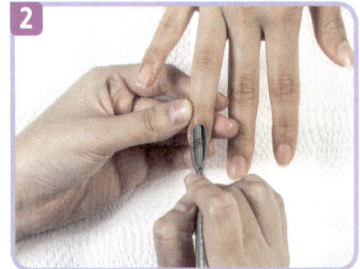

Chapter 1 | 미용사(네일) 실기

(3) 니퍼

① 니퍼의 날이 밖으로 향하게 하여 손바닥에 얹은 후 모지와 인지로 가볍게 잡는다.

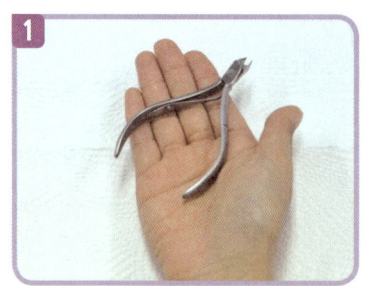
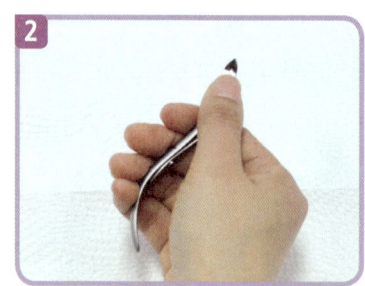
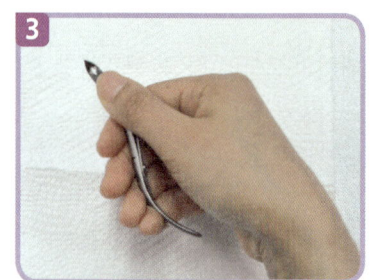

② 조체 내 큐티클에 대하여 니퍼 날의 1/3 정도를 45° 각도로 유지하여 제거한다.

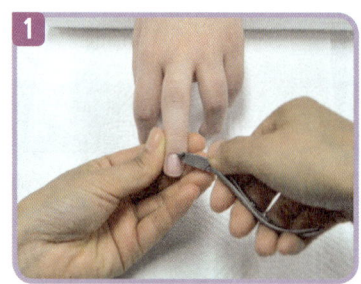
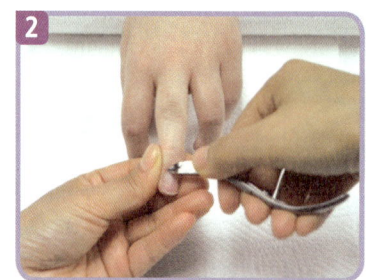
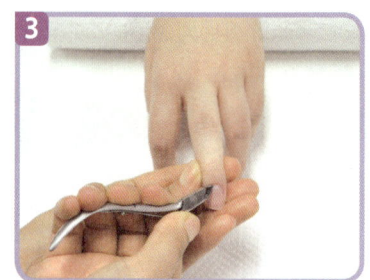

(4) 파일

파일은 자연네일에 사용되는 에머리보드(우드 파일)와 인조네일에 사용되는 파일(그릿에 따라 적용), 마무리 작업에서 광을 내는 파일(3way, 2way)로 구분된다.

1) 에머리보드(우드 파일)

자연네일에 적용되는 파일 순서로서 스퀘어형과 라운드형으로 구분하며 한쪽 방향으로 운행한다.

① 오른편 스트레스 포인트에서 조체의 중앙을 향하여 파일링한다.
② 왼편 스트레스 포인트에서 조체의 중앙을 향하여 파일링한다.

※ 네일의 형태 또는 유형에 따라 조체판에 대한 파일링 각도는 달라지며, 파일 시 팔꿈치를 자연스럽게 움직여서 파일링한다.

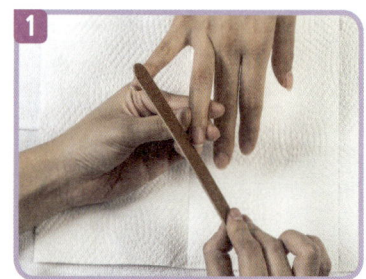
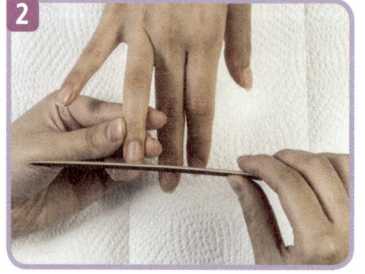

(5) 파일 사용법

인조네일에 사용되는 파일로서 양쪽(왔다, 갔다) 방향으로 운행한다.

1) 조표피

① 가로(좌·우)로 파일링한다.

② 큐티클 면과의 파일링 각도는 10° 정도로 세로로 조금씩 압력과 각도를 끊어 가면서 파일링한다.

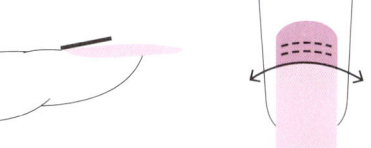

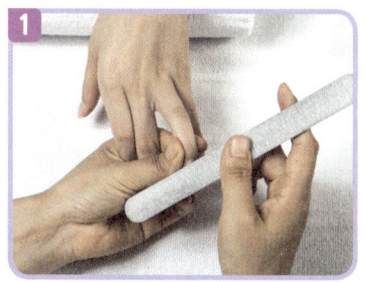
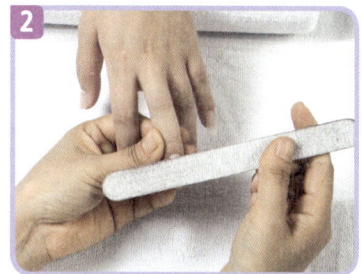
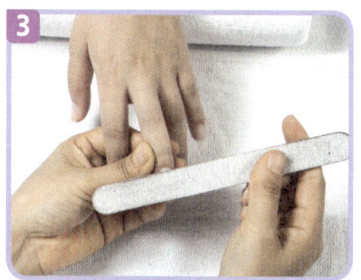

2) 자유연

① 세로(상·하)로 파일링한다.

② 파일링 각도는 10° 정도로 하이포인트가 자연스럽게 형성되도록 가로로 조금씩 압력과 각도를 끊어가면서 파일링한다.

③ 자유연 길이 및 두께 조절을 한다.

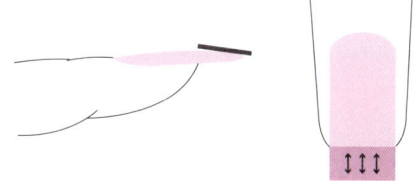

④ 자유연 길이 및 단면을 조절한다.

Chapter 1 | 미용사(네일) 실기

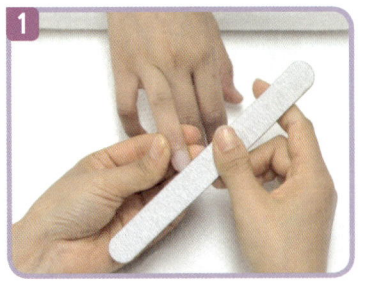 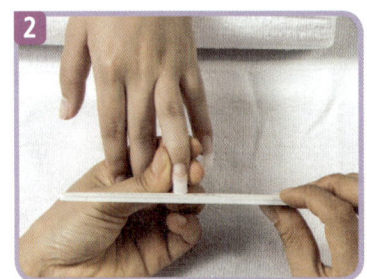 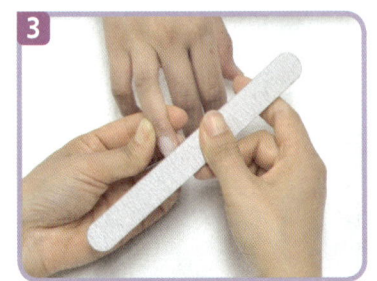

3) 하이포인트

① 사선(전·후대각)으로 파일링한다.

② 고객 쪽으로 대각선으로 작업한다. 약간만 다듬어주듯 자연스럽게 하이포인트를 만든다.

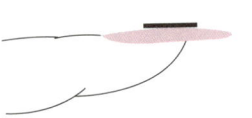 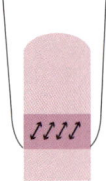

보충설명

하이포인트를 연결하거나 조절하는 기법

자유연과 큐티클 사이의 하이포인트를 연결하는 기법이다.

 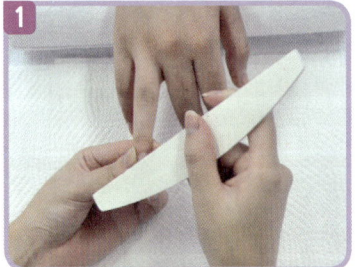 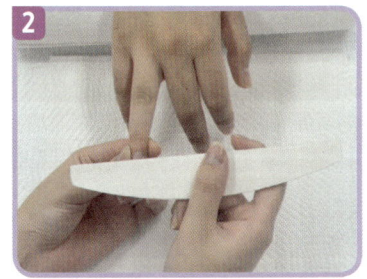

팁 턱 갈아주기

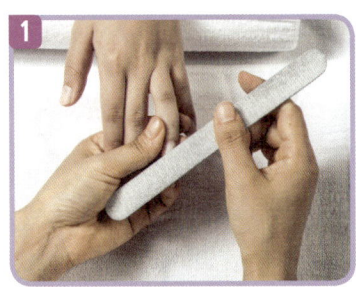  

4) 측면 조절

측조곽 또는 스트레스 포인트의 파일 기법이다.

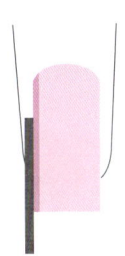  

오른쪽(모서리)에서 스트레스 포인트와 조곽을, 왼쪽(모서리)에서 스트레스 포인트와 조곽(모서리)을 파일링한다.

5) 삼색파일

팁 위드 실크, 아크릴 오버레이·아크릴 스컬프처 후에 샤이니 블럭 파일(1면 → 2면 → 3면)을 고루 사용하여 광택을 낸다.

① 1면(거친 면)

Chapter 1 | 미용사(네일) 실기

② 2면(부드러운 면)

 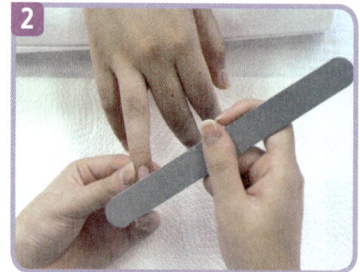 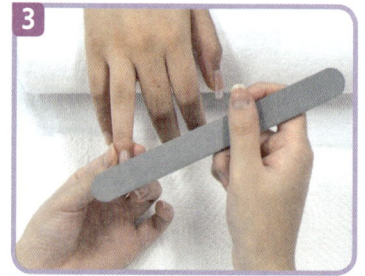

③ 3면(부드러운 면)

  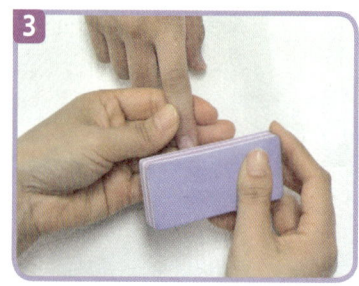

(6) 샌딩버퍼

샌딩버퍼로 조체면을 균일하게 정리한다.

1) 샌딩버퍼를 조체의 오른쪽 측면과 나란하게 기울여(45°) 샌딩한다.
2) 샌딩버퍼를 조체 중앙면에 90°를 유지한다.
3) 샌딩버퍼를 조체의 왼쪽 측면과 나란하게 기울여 조체면을 균일하게 샌딩한다.

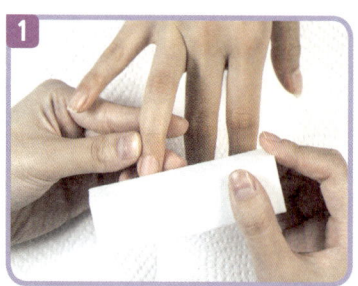 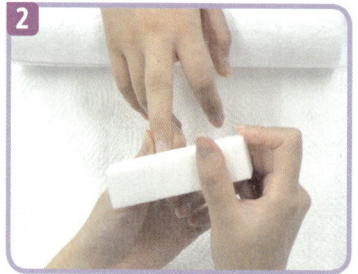 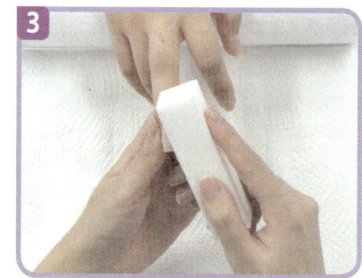

(7) 라운드 패드

조체 주변(측조곽, 후조곽), 조체 밑의 거스러미를 정리하는 데 사용된다.

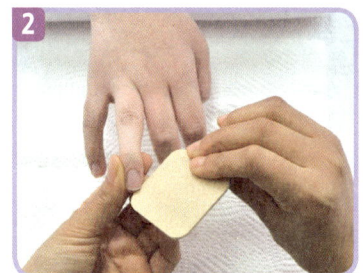
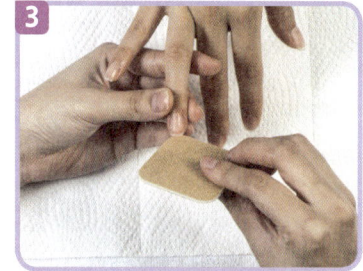

(8) 더스트 브러시

브러시를 이용하여 조체 잔재 및 찌꺼기들을 털어낸다. 더스트 브러시는 도구 소독용기 내에 알코올에 담가놓은 상태에서 과제를 실행한다. 이때 멸균거즈로 소독액을 닦아서 사용한다.

1) 조체판은 위에서 아래로 한쪽 방향으로 손질한다.

2) 조체 밑은 가로 방향인 오른쪽에서 왼쪽으로 조체 잔재 및 찌꺼기를 털어낸다.

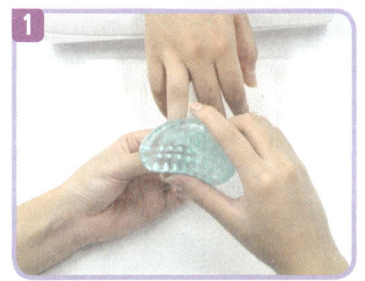

(9) 네일도구 보관

큐티클 니퍼, 퓨셔, 클리퍼, 오렌지 우드스틱(푸셔용), 더스트 브러시 등은 소독용기에 알코올(소독액)을 70~80% 정도 담가 사용한다.

Chapter 1 | 미용사(네일) 실기

2 네일제품의 사용법

> **보충설명**
>
> **용기 잡는 법**
>
> 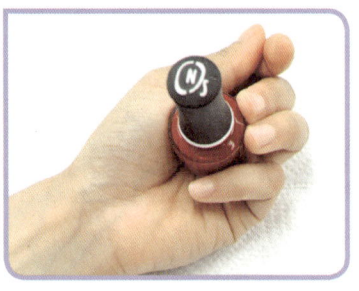 작업자 왼손의 약지(4지), 소지(5지)로 용기를 쥔다.
>
> 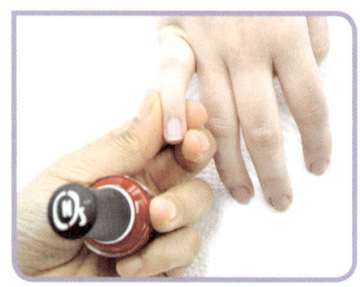 모지(1지), 인지(2지)로는 작업할 모델의 손을 잡는다.
>
> 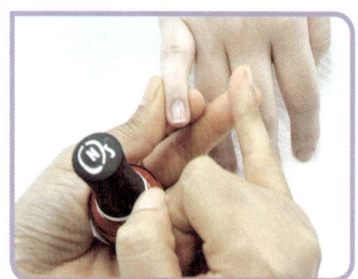 중지(3지)는 오른손 소지(5지) 아래에 놓는다.
>
>  작업자 오른손의 모지, 인지는 제품 케이스(병) 뚜껑을 연필 쥐듯이 한다.
>
> 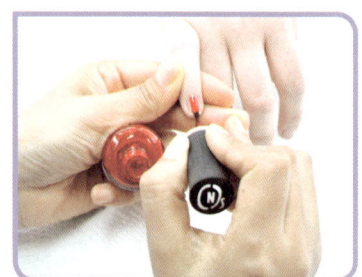 브러시 끝단을 사용하여 운행한다.

(1) 액체 제품 케이스 조절

1) 용기 제품은 좌우로 돌려 비벼준 뒤 사용한다.
   → 상하로 흔들면 용액이 뭉칠 수 있다.

  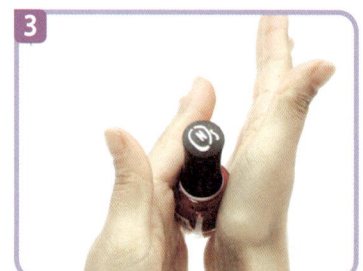

2) 용기 내 브러시에 묻은 제품 양을 조절한다.

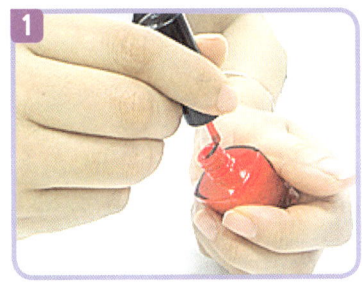 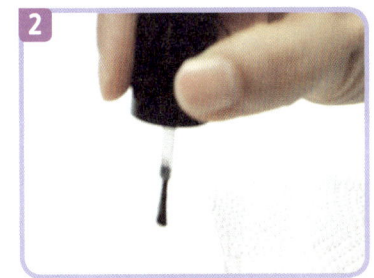

 폴리시, 베이스 코트, 탑 코트, 프라이머, 젤 글루, 젤 본더, 젤 볼(소프트 젤) 등은 사용될 제품 양의 조절 및 도포방법이 동일하다.

(2) 브러시 이용 도포의 실제

1) 조체 중앙

① 큐티클 라인 바로 앞 0.2mm 간격을 띄운 후 제품이 묻은 브러시를 조체면에 둔다.

② 브러시 끝단은 조체면에 45° 각도로 가볍게 눌러 얹는다.

③ 프리에지까지 빠르게 쓸어내려 줌으로써 얇으면서 고른 발림성을 준다.

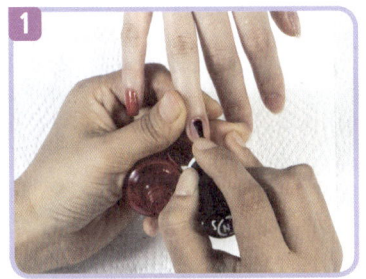 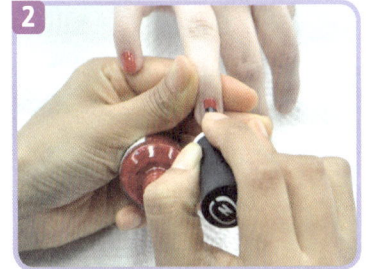 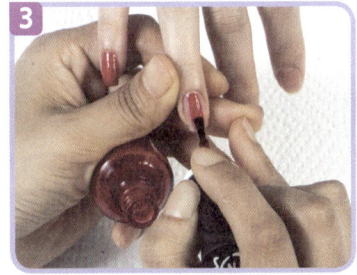

2) 조체 오른쪽

반월부분의 큐티클 라인이 둥글기 때문에 선을 따라 둥글게 굴리면서 쓸어 내린다.

① 오른쪽 조체의 브러시 끝단을 큐티클 라인 0.2mm 간격을 두고 굴린 상태이다.

② 위에서 아래(반월 → 프리에지)로 쓸어내리면서 바른다.

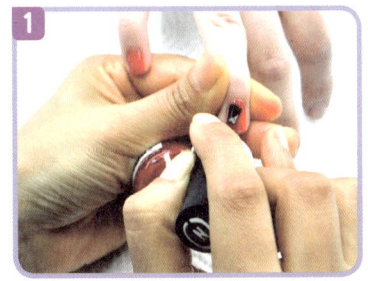  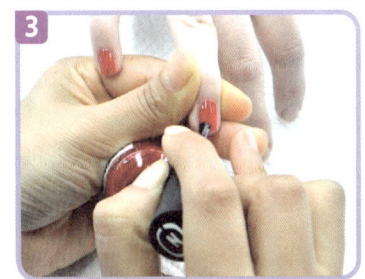

Chapter 1 | 미용사(네일) 실기

3) 조체 왼쪽

① 조체의 왼쪽 큐티클 라인을 향해 브러시 끝단으로 굴린 상태이다.

② 뭉친 부분(오버 랩)이 있을 시에는 가볍게 쓸어내려 준다.

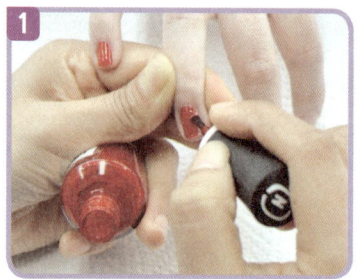 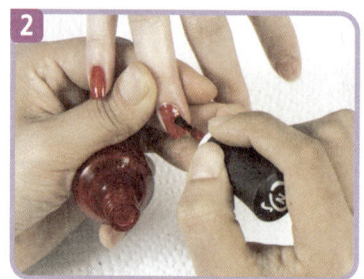 

4) 프리에지(자유연)

브러시에 남아있는 제품을 이용하여 조체의 프리에지 부분을 가로방향(오른쪽 → 왼쪽)으로 붓질한다.

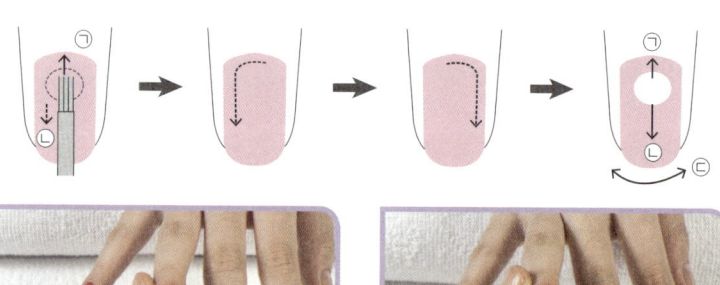

(3) 스폰지 이용 도포의 실제

스폰지의 맨 윗부분부터 옅은색에서 진한색 순으로 2~3등분하여 유색 폴리시를 칠한 후 스폰지에 스며들게 하듯 색조를 펼친다.

1) 조체의 반월을 향해 ⅔ 정도는 옅은 컬러로 그라데이션을 한다.

   ※ 조반월은 자연손톱색으로 노출되어야 하며, 조체의 1/2 이상 자연스러운 그라데이션이 되게 한다.

2) 자유연을 향해 ⅓ 정도는 중간 컬러의 그라데이션을 준다.

3) 자유연과 말단에는 짙은 컬러의 그라데이션을 준다.

4) 조체에 그라데이션 시 배율에서 동일한 폭이 되도록 가볍게 두드리면서 도포한다.

 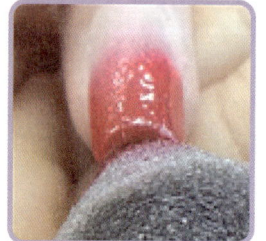

보충설명

유색 폴리시 스폰지에 적시기

첫째, 유색 폴리시를 스폰지의 맨 윗부분부터 옅은색에서 진한색 순서로 3등분하여 칠한 후 스폰지에 스며들게 하듯 색조를 펼친다.

둘째, 손톱판에 대해 90°를 유지하면서 가볍게 폴리시 컬러를 적신 스폰지를 톡톡 두드리듯 그라데이션 기법으로 도포한다.

Chapter 2 매니큐어

손톱관리는 기본(레귤러)과 응용(스페셜)기술을 포함한다. 이는 매니큐어와 매니큐어 컬러링으로 구분되나 매니큐어 컬러링에는 응용기술로서 프리에지 · 딥 프렌치 컬러링과 그라데이션 컬러하기가 포함된다.

Section 01 풀 코트 매니큐어

표준시간 30분 / 연장시간 없음 / 라운드 셰이프 / 오른손 1~5지

1 작업목표

세부항목	작업요소
1. 손톱 소독 및 폴리시 제거하기	1. 고객의 네일을 소독하기 전에 작업자의 손부터 소독할 수 있다. 2. 소독제를 뿌려 고객의 손톱을 꼼꼼히 소독하여 외부의 감염 여부를 최소화할 수 있다. 3. 네일의 작업되어진 상태에 따라 리무버를 선택할 수 있다. 4. 작업된 고객의 관리상태를 보고 폴리시를 제거할 수 있다.
2. 손톱모양잡기	1. 모양을 잡기 위해 자연손톱의 상태를 파악할 수 있다. 2. 부드러운 파일로 손톱의 결대로 한쪽 방향으로 파일을 할 수 있다. 3. 샌딩블럭의 사이드 면을 잡고 손톱을 버핑할 수 있다.
3. 핑거볼 손톱 담그기	1. 핑거볼에 미온수를 담아 큐티클 정리를 위해 손톱 주변을 불릴 수 있다.
4. 큐티클 정리하기	1. 큐티클 정리가 용이하도록 큐티클 오일, 큐티클 리무버를 바를 수 있다. 2. 니퍼와 푸셔를 사용하여 네일이 손상되지 않도록 주의하여 큐티클을 정리할 수 있다. 3. 파일을 사용하여 정리할 수 있다.
5. 네일 컬러하기	1. 로션을 도포하여 유분기를 제거할 수 있다. 2. 베이스 코트를 바를 수 있다. 3. 유색 폴리시를 바를 수 있다. 4. 탑 코트를 바를 수 있다.

2 사전준비

(1) 매니큐어 테이블 소독하기
소독액으로 잘 닦는다.

(2) 매니큐어 테이블 위에 타월 올리기
타월은 접어서 깔고 페이퍼 타월을 중앙에 얹는다.

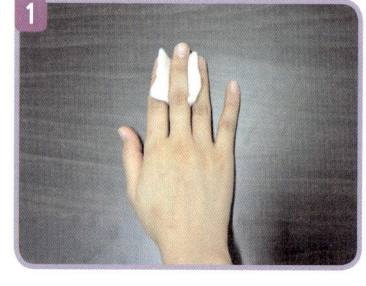
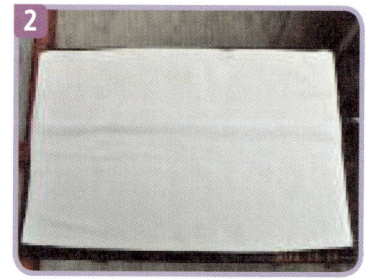

(3) 고객용 손목 받침대인 쿠션을 자리 앞 테이블 위에 놓는다.

(4) 도구 및 재료 세팅하기

관리에 필요한 모든 도구와 제품을 세팅한다.

(5) 기구 및 도구 소독하기

메탈로 된 도구들은 기구 소독제에 20분 전 미리 담가놓는다.

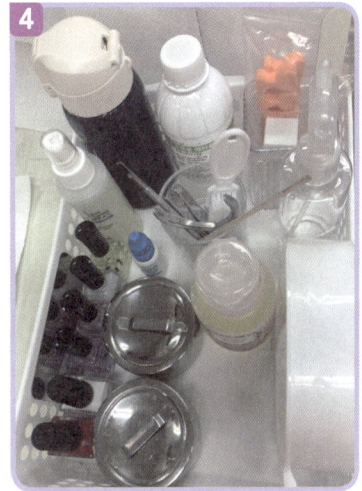

모든 도구 및 제품에 표식 및 라벨링 작업은 할 수 없음

(6) 핑거볼 미온수 준비하기

(7) 비닐팩을 매니큐어 테이블 오른쪽 아래에 붙여놓기

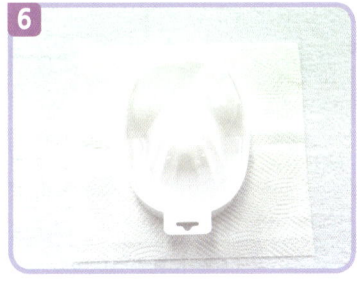
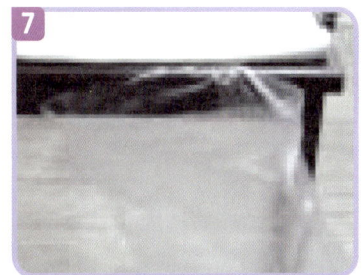

Chapter 2 | 매니큐어

3 도구 및 재료

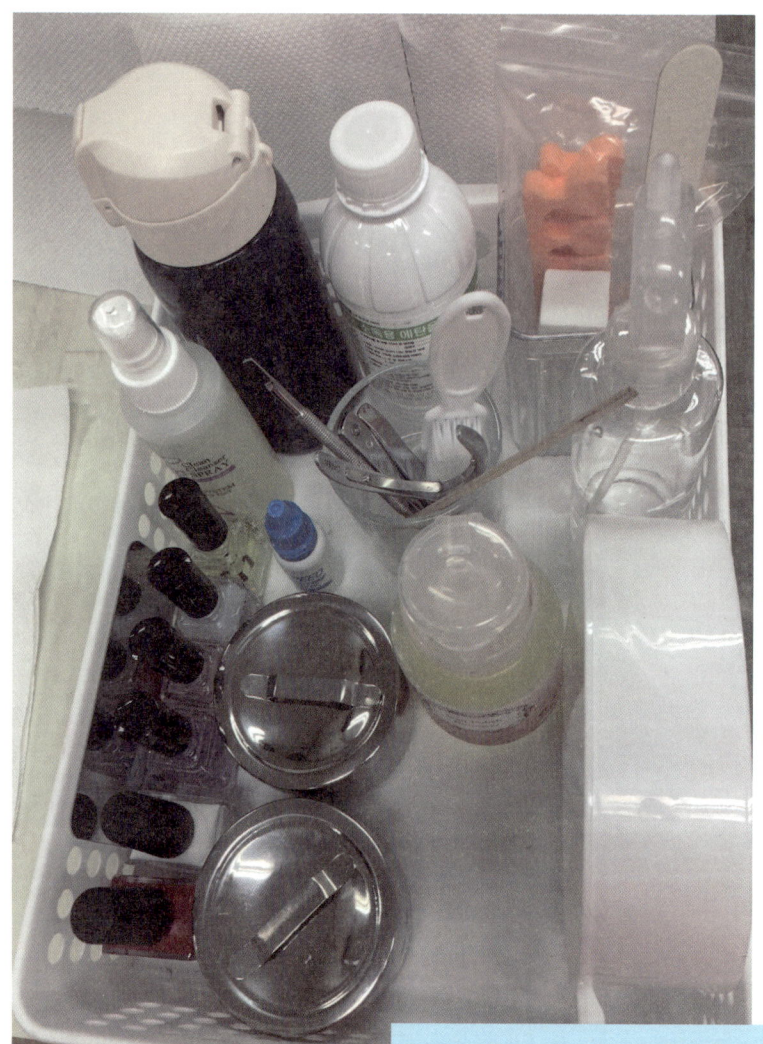

① 핑거볼 ② 샤이니블럭 ③ 파일 ④ 우드파일 ⑤ 오렌지 우드스틱 ⑥ 샌딩블럭
⑦ 라운드 패드 ⑧ 푸셔 ⑨ 니퍼 ⑩ 더스트 브러시 ⑪ 솜 ⑫ 지혈제 ⑬ 클리퍼
⑭ 큐티클 오일 ⑮ 손 소독제(안티셉틱) ⑯ 큐티클 리무버 ⑰ 폴리시 리무버
⑱ 위생봉투 ⑲ 스카치테이프 ⑳ 소독 용기 ㉑ 알코올
㉒ 페이퍼 타월 ㉓ 타월(中) ㉔ 물수건(물티슈) ㉕ 솜통 ㉖ 폴리시(레드, 화이트)
㉘ 탑 코트 ㉙ 베이스 코트 ㉚ 정리대
※ 빨간색 부분은 재료(16개), 파란색 부분은 도구(14개)이다.

4 일반네일 화장물 제거

(1) 일반네일 폴리시 제거하기

1) 손 소독하기(작업자+고객)

소독솜(안티셉틱)에 적셔진 것을 사용하여 작업자의 손(사진 ①)과 고객의 손(사진 ②~⑤)을 소독한다.

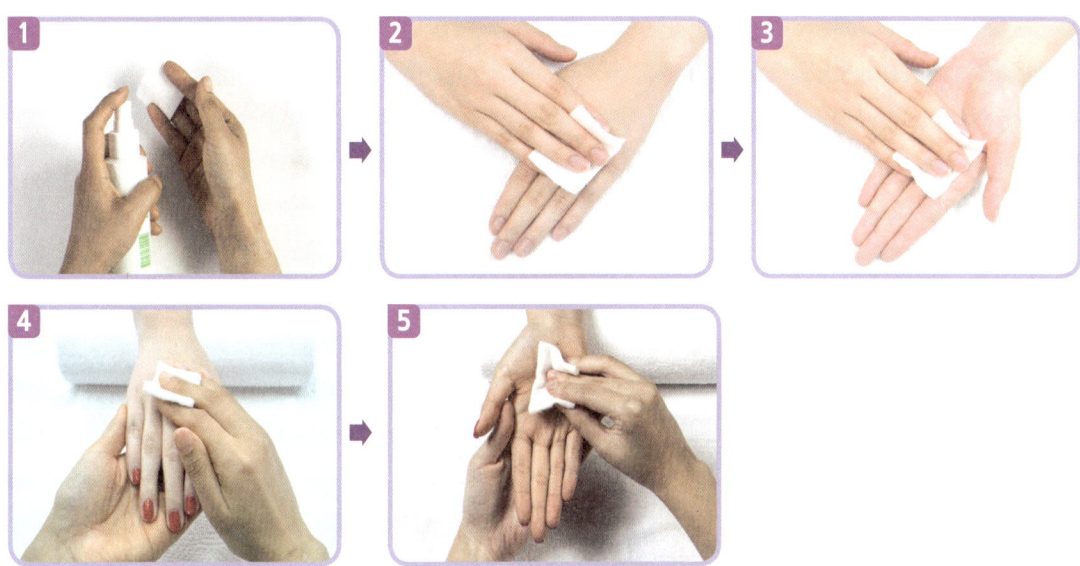

2) 네일 폴리시 제거하기

① 네일 폴리시 리무버를 솜에 적셔 컬러된 소지 위에 얹는다.

② 조체 위에 얹혀진 솜을 이용하여 소지부터 모지로 이행하면서 닦는다.

③ 조체판, 자유연 안, 측·후 조곽(조벽)까지 섬세하게 닦는다.

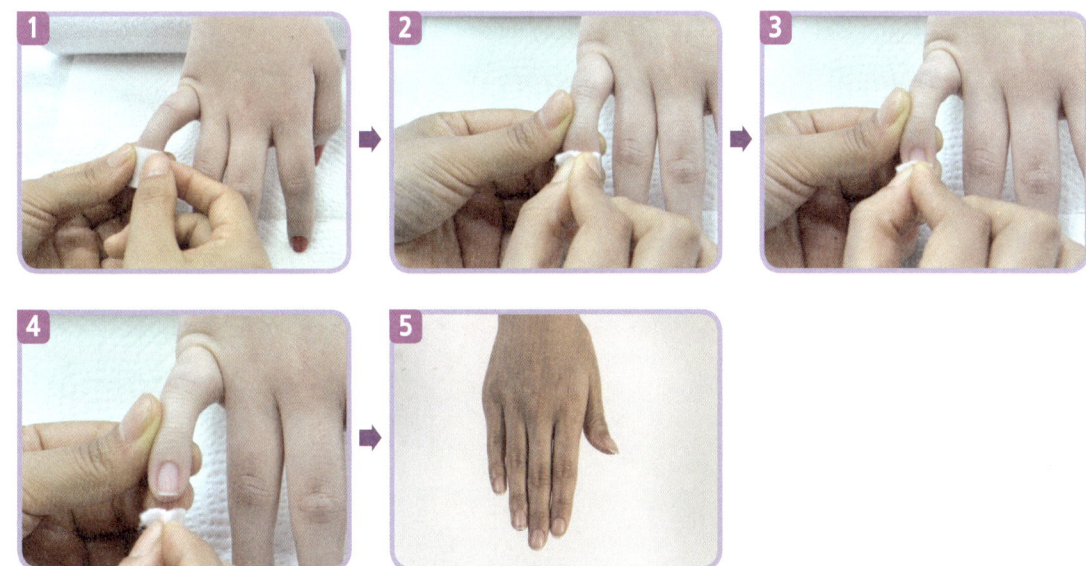

Chapter 2 | 매니큐어

(2) 네일화장물 적용 전처리

1) 일반네일 폴리시 전처리하기

- 에머리보드 파일을 이용하여 고객의 오른손 모지에서부터 시작하여 인지, 중지, 약지, 소지의 순서로 파일링한다.

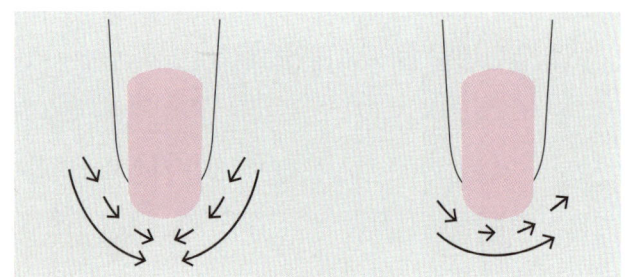

〈파일링 방법〉

① 조체의 오른편 스트레스 포인트에서 조체의 중앙을 향하여 파일링한다.
② 조체의 왼편 스트레스 포인트에서 조체의 중앙을 향하여 파일링한다.

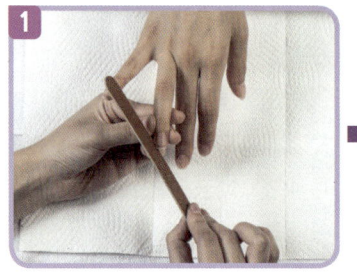 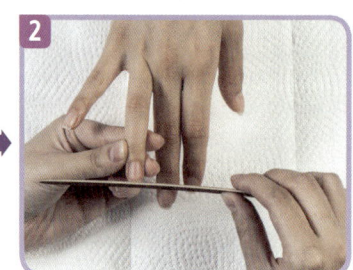 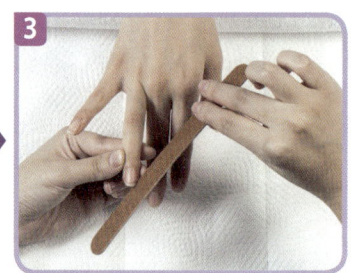

2) 일반네일 폴리시 전처리하기

① 손톱면이 고르지 않을 경우 샌딩블럭을 사용한다.
② 샌딩블럭을 이용하여 조체의 측면과 정면을 버핑해준다.

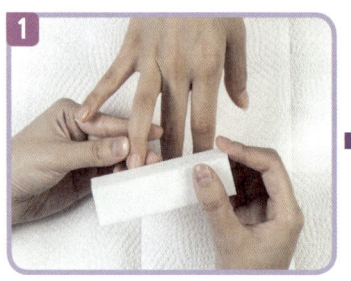 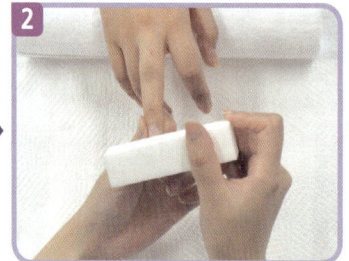 

3) 일반네일 폴리시 전처리하기

조체에서 나온 불필요한 잔해나 거스러미를 더스트 브러시로 털어준 후(사진 ①, ②) 라운드 패드로 마무리한다(사진 ③).

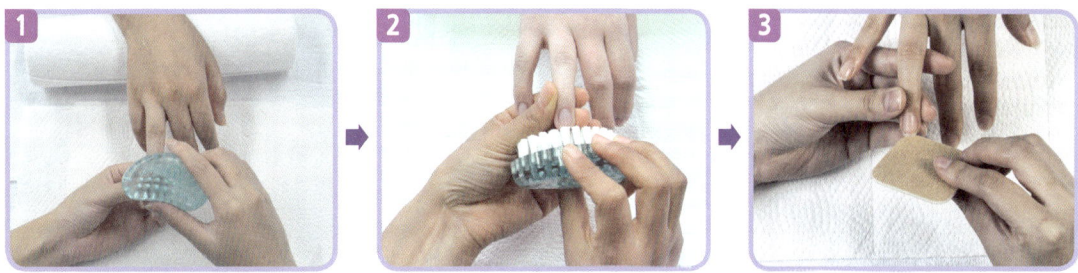

(3) 핑거볼에 손톱 담그기

1) 큐티클 연화시키기

오른쪽 손의 큐티클을 연화시키기 위해 미온수가 담겨진 핑거볼에 손가락을 담근다.

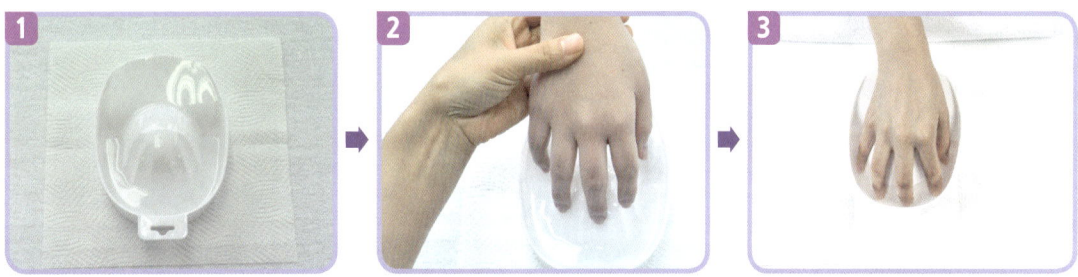

2) 손가락 물기 말리기

고객의 손을 핑거볼에서 꺼낸 후 페이퍼 타월로 고객의 손가락 사이 사이 내 물기를 제거한다.

(4) 큐티클 정리하기

1) 큐티클 리무버 바르기

큐티클을 연화시키기 위해 큐티클 리무버(사진 ①, ②) 또는 큐티클 오일(사진 ③) 등을 바른다.

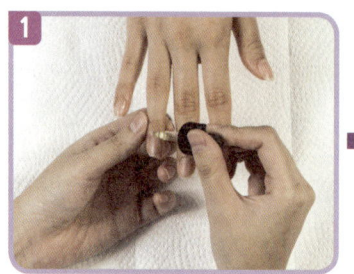  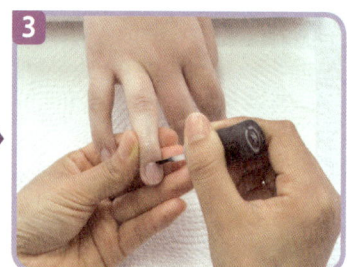

2) 큐티클 밀어올리기

① 푸셔를 연필잡듯이 쥐고 조체면에 얹어 45° 각도로 밀어올린다.

② 자연네일 판이 최대한 긁히지 않도록 조곽면을 따라 큐티클을 가볍게 밀어준다(사진 ②, ③).

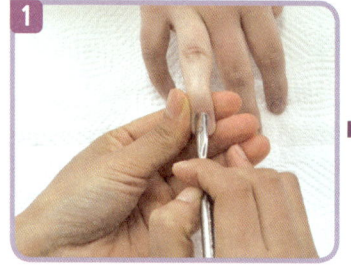 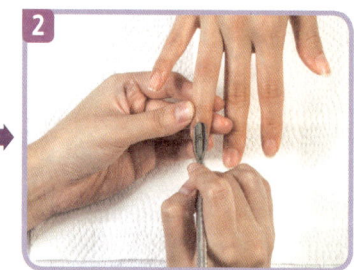 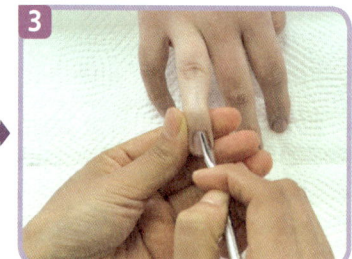

3) 큐티클 잘라내기

① 니퍼를 조체면 45° 각도로 얹어 파일링과 동일하게 한쪽 방향으로 자른다.

② 니퍼 날의 ⅓면을 사용하여 오른쪽 측조곽면에서 후조곽(큐티클) 방향으로 잘라 나간다.

③ 니퍼날을 쥔 손은 바닥이 보이도록 바꾸어서 왼쪽 측조곽에서 후조곽(큐티클) 방향으로 연결하여 자른다.

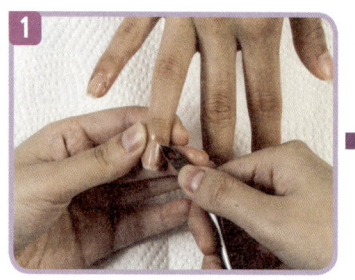 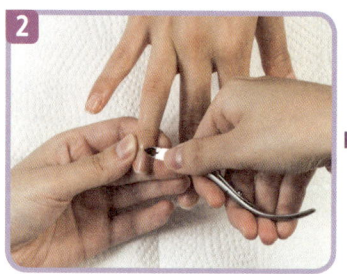 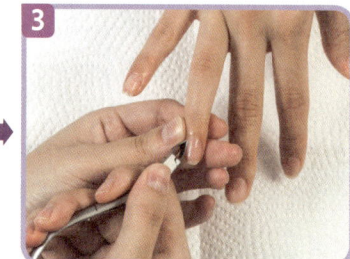

4) 손 소독제 분무하기

큐티클 제거가 끝난 후 고객의 조상연 및 큐티클 주위에 소독제를 뿌려준다.

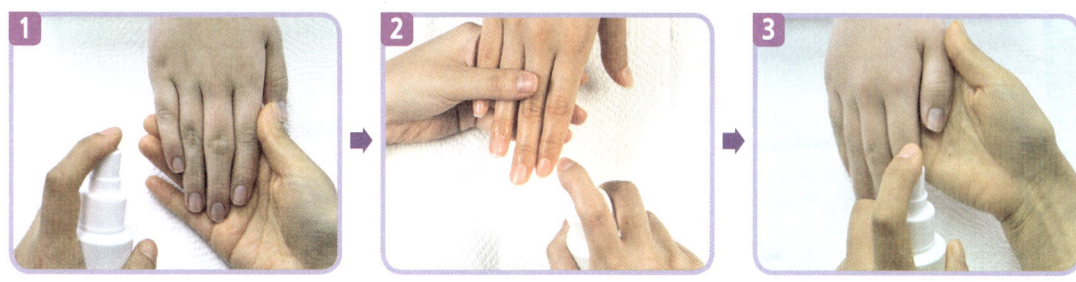

(5) 네일 컬러하기

1) 유분기 제거하기(면봉 처리된 오렌지 우드스틱 사용)

① 오렌지 우드스틱 끝에 솜을 말아 폴리시 리무버를 적셔 조체판과 프리에지 밑에 묻어있는 유분기를 제거한다.

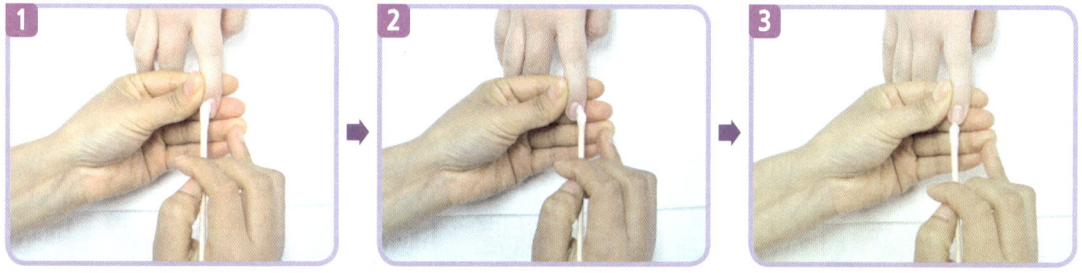

2) 베이스 코트 바르기

베이스 코트는 손톱판 위에 폴리시 컬러링 운행에 따른 방법과 같이 ① 중앙 → ② 오른쪽 → ③ 왼쪽 순서로 얇게 1회 발라준다.

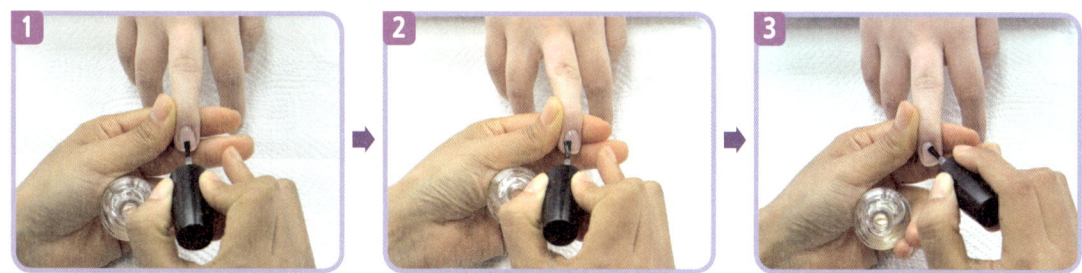

Chapter 2 | 매니큐어

3) 폴리시 컬러링

[1회 폴리시 컬러 도포 방법]

- 작업자의 왼손 모지(1지), 인지(2지)로는 고객의 오른손을 잡고, 약지(4지), 소지(5지)로 폴리시 케이스를 잡는다.

① 고객 손톱의 중앙에 컬러링한다.
② 고객 손톱의 오른쪽에 컬러링한다.
③ 고객 손톱의 왼쪽에 컬러링한다.

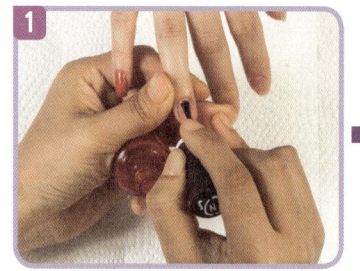

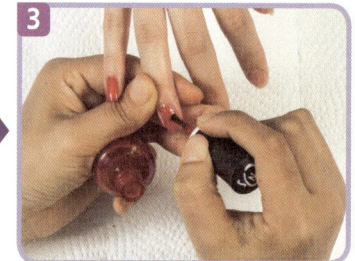

④ 폴리시 브러시를 세워서 프리에지를 가로로 하여 안에서 밖으로 컬러링한다.

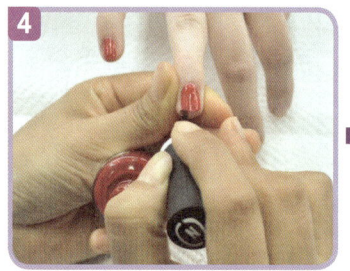

[2회 폴리시 컬러 도포 방법]

- 2회 반복 컬러링일 때는 1회에만 프리에지에 컬러링한다.
※ 현재 검정 시험에서는 폴리시를 2회 실시한다.

4) 탑 코트 바르기

베이스 코트 바르기와 동일하게(중앙 → 오른쪽 → 왼쪽), 프리에지 밑 부분까지 얇게 1회 발라준다.

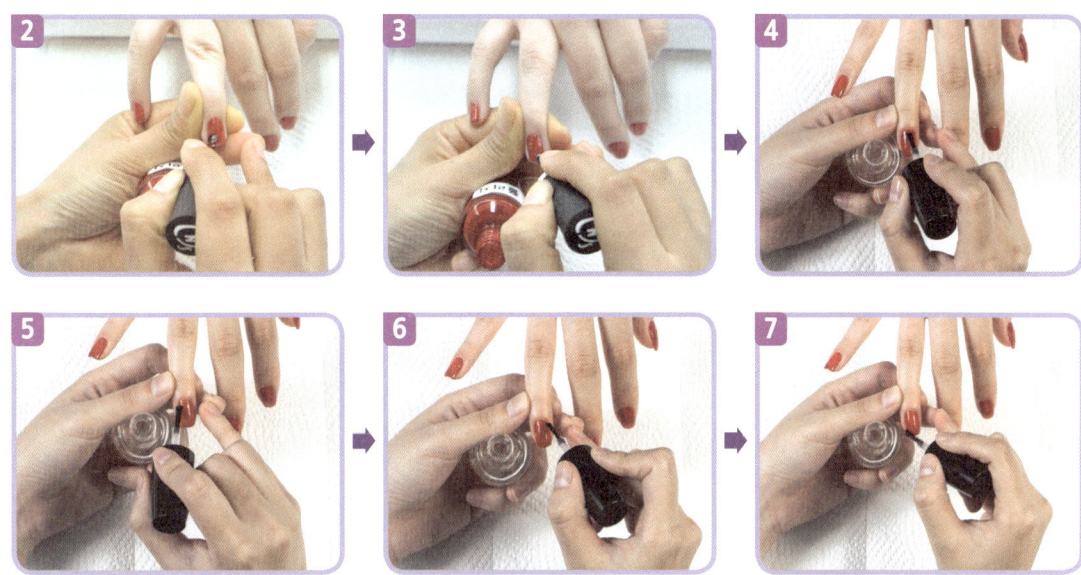

5) 네일화장물 적용 마무리

① 일반네일 폴리시 마무리하기

오렌지 우드스틱에 솜을 말아 네일 리무버를 적셔 손톱 주변에 묻은 폴리시를 닦아낸다.

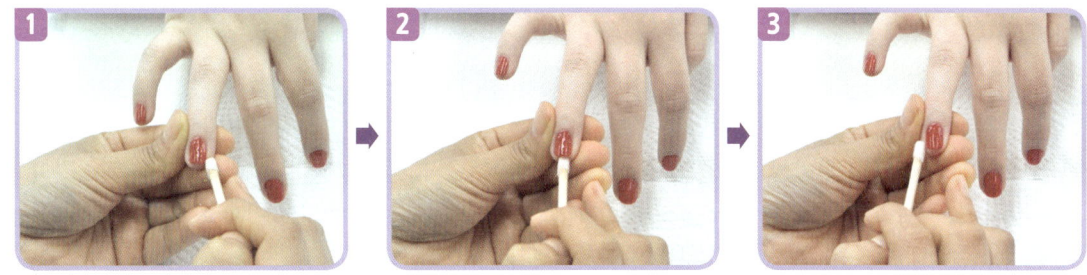

> **보충설명**
>
> - 손톱색조화장이 마무리된 손톱에 퀵 폴리시 드라이어를 사용하여 분무하여 건조(Dry)시킨다.
> - 손톱색조화장이 마무리된 손톱에 전기식 드라이어에 손톱을 올려놓으면 바람에 의해 건조된다.

Chapter 2 | 매니큐어

6) 완성

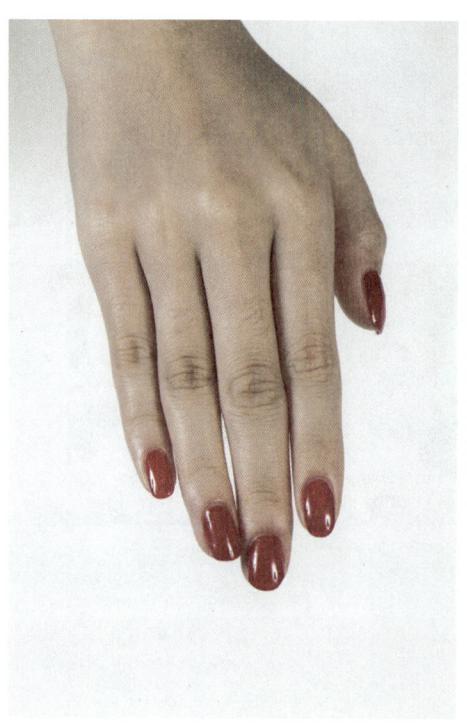

정리하기

[자연손톱손질]

손 소독하기(작업자+고객) → 네일 폴리시 제거하기 → 손톱모양다듬기(파일) → 샌딩하기 → 거스러미 제거하기 및 털어내기 → 큐티클 연화시키기 → 손가락 물기 말리기 → 큐티클 리무버(오일) 바르기 → 큐티클 밀어 올리기 → 큐티클 잘라내기 → 손 소독하기(고객) → 유분기 제거하기

[색조화장 절차]

베이스 코트(1회) → 폴리시 컬러링(2회) → 탑 코트(1회) → 손톱색조화장 마무리 → 컬러된 폴리시 건조

5 사후처리

(1) 사용한 재료 및 도구들은 소독 처리하며 주변을 정리한다.

(2) 다음 고객을 위하여 사용한 도구 및 기구들은 20분 이상 살균 소독한다.
　　파일은 1회용이므로 사용 후에는 폐기 처리한다.

(3) 사용된 소모품 및 오물들은 비닐 팩에 넣어 폐기 처리한다.

Section 02 프렌치 화이트 및 그라데이션 컬러

표준시간 30분 / 연장시간 없음 / 라운드 셰이프 / 오른손 1~5지

1 작업목표

세부항목	작업요소
6. 프렌치 컬러하기	1. 폴리시 및 컬러 젤을 이용하여 프렌치 라인을 할 수 있다. 　- 프리에지를 할 수 있다. 　- 딥 프렌치를 할 수 있다. 2. 탑 코트 및 탑 젤로 마무리할 수 있다.
7. 그라데이션 컬러하기	1. 베이스 코트를 할 수 있다. 2. 스폰지에 컬러를 묻혀 바를 수 있다. 3. 컬러의 양은 적당량을 취해야 뭉치지 않고 자연스럽게 될 수 있다. 4. 스폰지를 한 번에 찍어내기보다는 비슷한 위치에서 반복적으로 가볍게 두들겨 주는 것이 자연스러운 그라데이션을 형성시킬 수 있다. 5. 탑 코트로 마무리할 수 있다

Chapter 2 | 매니큐어

2 프렌치 화이트

(1) 베이스 코트 바르기

1) 손톱손질(1차 프리퍼레이션) 단계가 끝난 조체에 착색을 방지하고 네일 폴리시가 잘 밀착되도록 베이스 코트를 바른다(조체의 중앙 → 오른쪽 → 왼쪽).

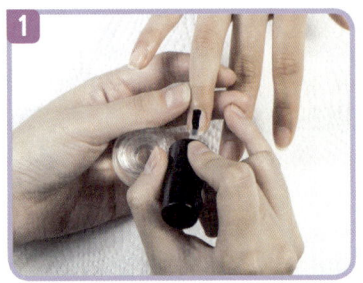
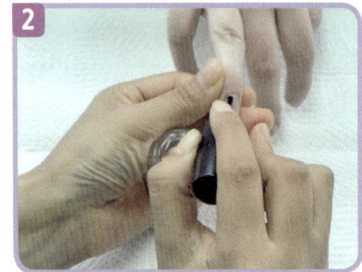
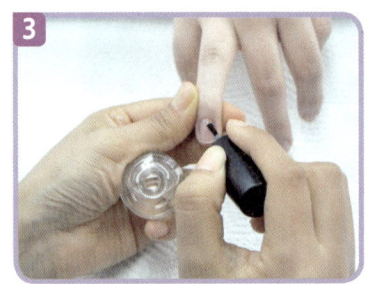

(2) 프렌치 컬러링

1) 프렌치 컬러링

프렌치 라인의 상하 너비는 3~5mm이어야 한다.

① 화이트 폴리시 컬러링은 오른쪽 옐로우 라인 시작점인 스트레스 포인트에서 시작하여 프리에지 라인의 중앙선을 지난다(사진 ①, ②, ③).

② ①의 과정을 하고 난 뒤 왼쪽 스트레스 포인트에서 시작하여 프리에지 중앙선과 만난다(사진 ④, ⑤).

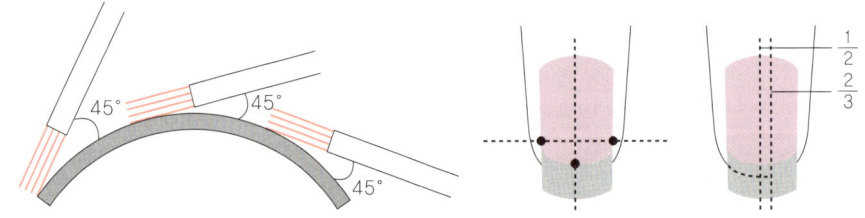

③ 2회(재도포) 한다(사진 ⑥).

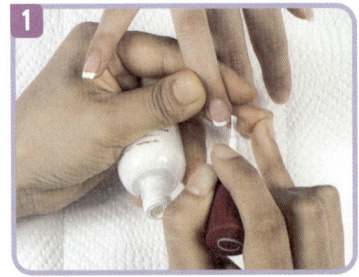
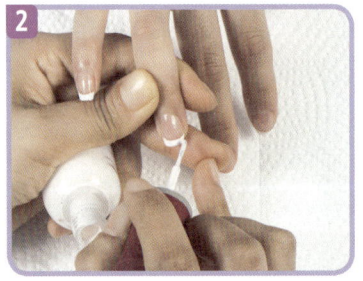
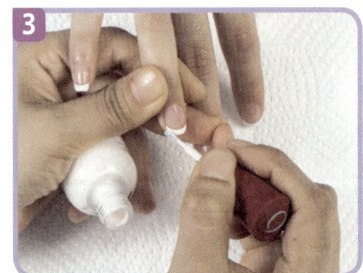

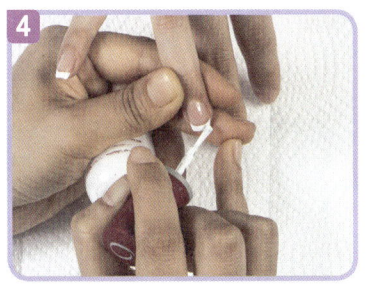 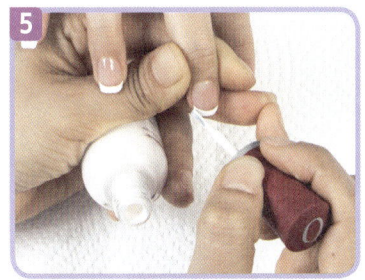 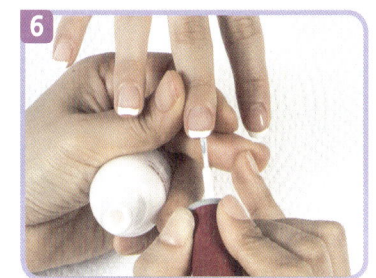

2) 탑 코트 바르기

프리에지 컬러된 조체 전체에 ① → ② → ③ 순서로 탑 코트를 풀 커버(조체의 중앙 → 오른쪽 → 왼쪽)한다.

(3) 손톱색조화장 마무리

1) 네일 리무버를 적신 면봉 처리된 오렌지 우드스틱으로 ① → ② → ③의 순서로 손톱 주변에 묻은 폴리시를 닦아낸다.

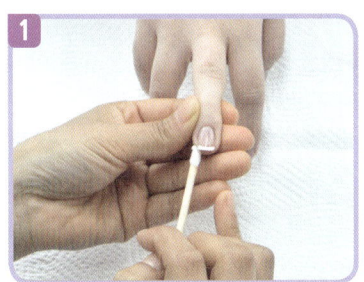 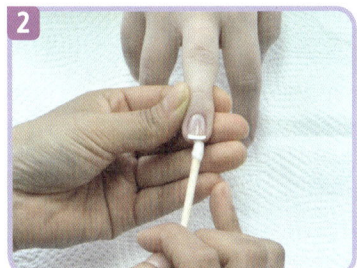 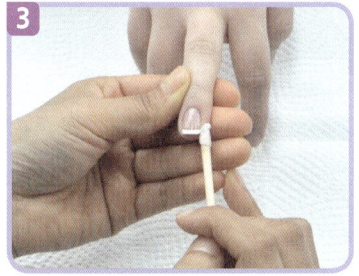

Chapter 2 | 매니큐어

(4) 프렌치 화이트 컬러하기 완성

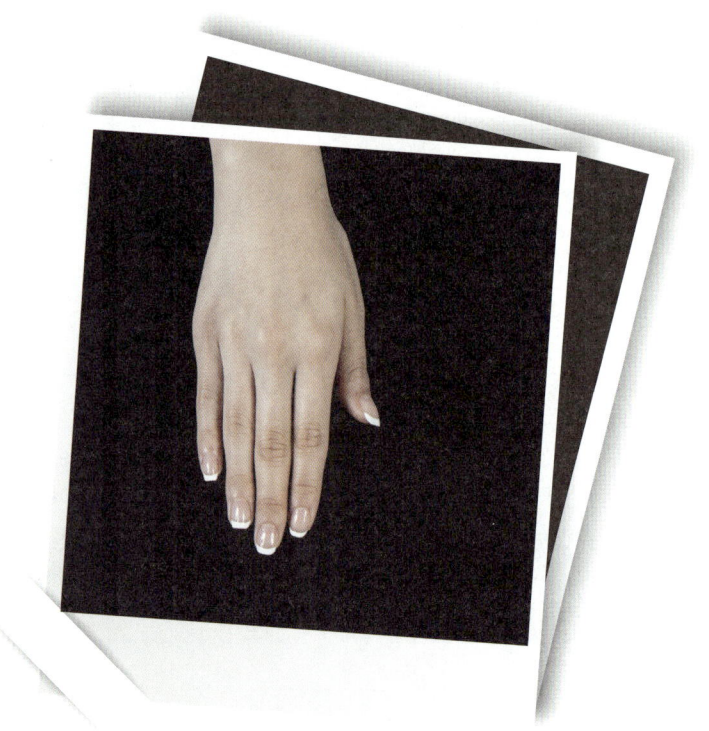

정리하기

프렌치 화이트 컬러링 절차

베이스 코트 → [내추럴 폴리시 풀 커버 컬러링] → 프렌치 컬러링 → 탑 코트 → 손톱색조화장 마무리 → 건조 등

※ [ ]는 시간상 생략할 수도 있음

3 딥 프렌치 화이트

(1) 베이스 코트 바르기

1) 자연손톱손질 단계가 끝난 후(1차 프리퍼레이션), 조체에 착색을 방지하고 컬러가 잘 밀착되도록 ① → ② 순서로 베이스 코트를 바른다.

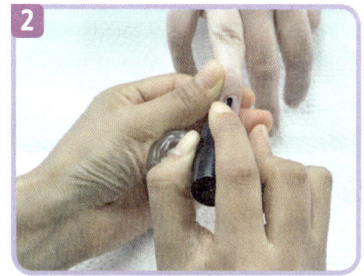

(2) 1차 내추럴(투명 핑크 또는 투명 베이스) 풀 커버 컬러링

1) 매니큐어 컬러링 과정과 동일하게 손톱 전체에 내추럴 폴리시를 ① → ② → ③ 순서로 조체의 중앙 → 오른쪽 → 왼쪽 순으로 풀 커버 컬러링한다.

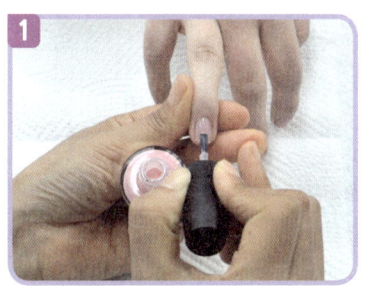
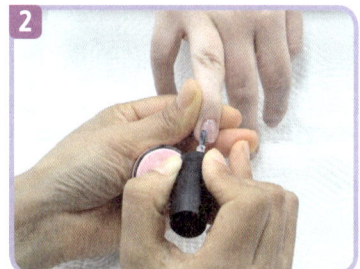
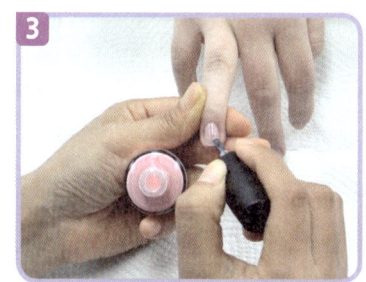

(3) 딥 프렌치 컬러링

1) 화이트 폴리시 컬러링은 반월의 오른쪽 지점에서 반원 흐름에 따라 가운데 선을 약간 지난다.

    왼쪽 반월 선에서 가운데로 이어 선명한 스마일 라인을 만든다(사진 ①, ②, ③).

2) 스마일 라인을 경계로 세로(오른쪽에서 오버 랩 기술)로 바른 후(사진 ④) 프리에지 밑까지 도포한다(사진 ⑤). 세로로 45° 각도로 재도포한다.

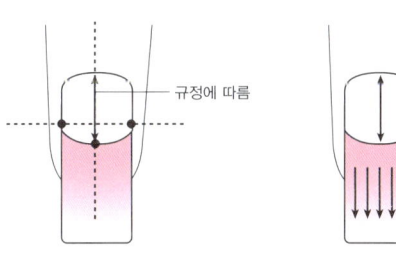
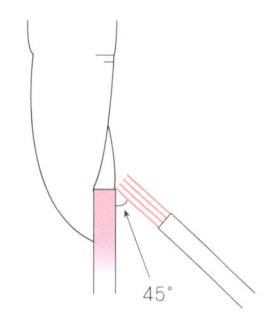

Chapter 2 | 매니큐어

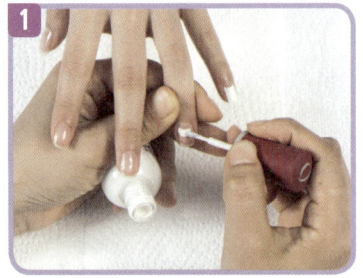
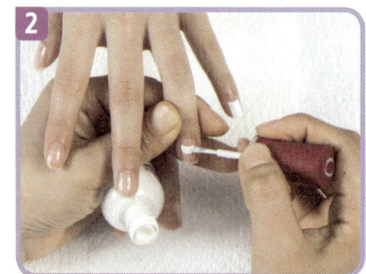
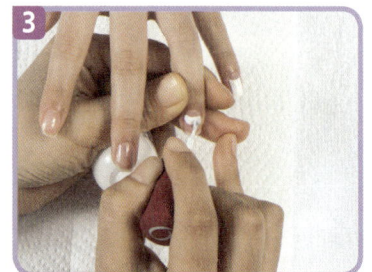
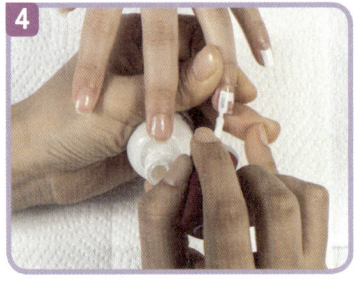
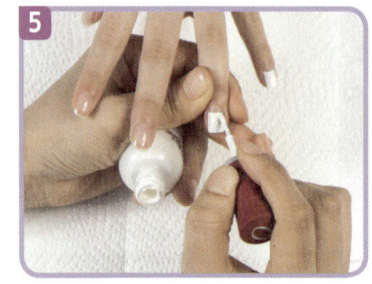
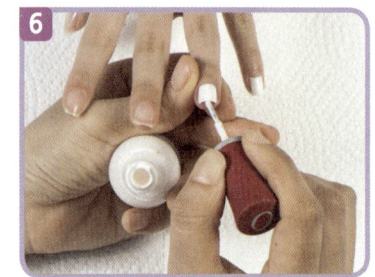

(4) 탑 코트 바르기

1) 조체 전체에 풀 커버로 탑 코트를 바른다.

 딥 프렌치 컬러된 조체의 중앙 → 오른쪽 → 왼쪽 → 프리에지 밑의 순으로 풀 커버한다.

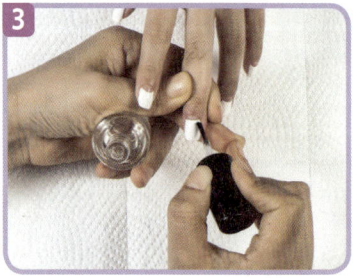

(5) 손톱색조화장 마무리

1) 네일 리무버를 적신 면봉 처리된 오렌지 우드스틱으로 ① → ② 순으로 손톱 주변에 묻은 컬러와 폴리시를 닦아낸다.

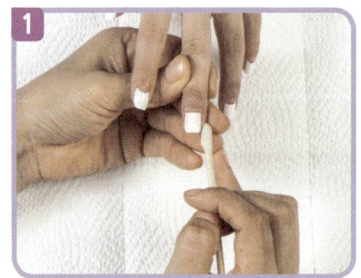
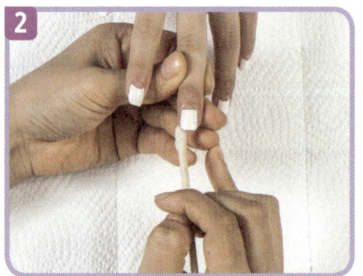

(6) 딥 프렌치 컬러하기 완성

※ 시험장에서는 딥 프렌치 라인이 손톱 전체길이의 1/2 이상 부분이어야 한다.

4 그라데이션 컬러의 실제

컬러하기에 사용되는 브러시 대신 스폰지를 이용하여 유색 폴리시를 적신 후 조체판에 그라데이션이 되도록 풀 커버 컬러하는 응용 기술이다.

(1) 베이스 코트 바르기

1) 자연손톱손질(1차 프리퍼레이션) 단계가 끝난 조체에 착색을 방지하고 컬러가 잘 밀착되도록 ① → ② → ③ 순으로 베이스 코트를 바른다(조체의 중앙 → 오른쪽 → 왼쪽).

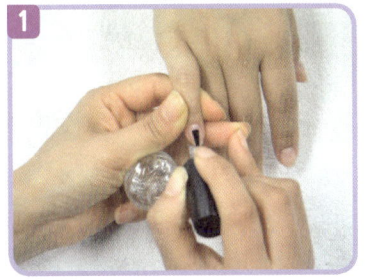
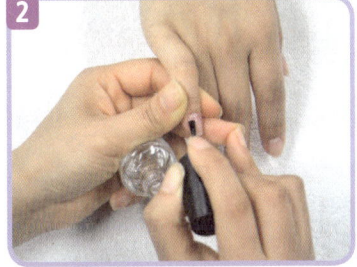

Chapter 2 | 매니큐어

(2) 스폰지에 폴리시 바르기

1) 스폰지의 ⅓ 정도 유색 폴리시를 도포하고 ⅔ 정도는 내추럴 폴리시를 입힌다(사진 ①).

2) 스폰지의 ⅓ 정도는 내추럴 폴리시를, ⅓정도는 유색 폴리시, 나머지 ⅓은 유색 폴리시를 입힌 스폰지를 자유연 말단에서 90° 각도로 두드린다 (사진 ②, ③, ④).

(3) 그라데이션 컬러하기

1) 폴리시로 적셔진 스폰지를 조체 ½선에서부터(투명 컬러) 연한 그라데이션으로 하여 프렌치를 향하여 짙은 그라데이션이 되도록 조체판에 대하여 90° 각도로 두드린다(사진 ①, ②, ③, ④).

※ 단, 그라데이션 범위는 손톱 전체길이의 1/2 이상 부분이어야 하며, 반월 부분은 침범하지 않는다.

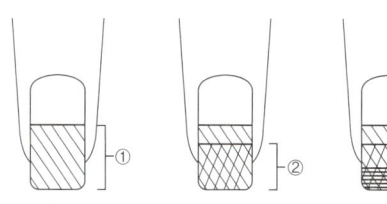

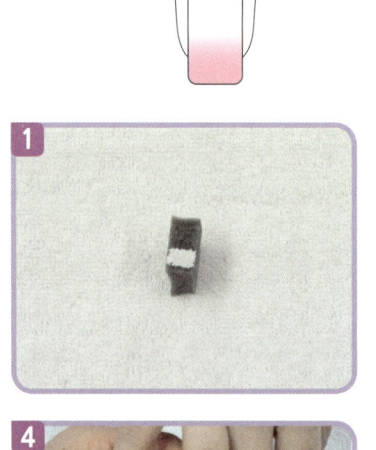

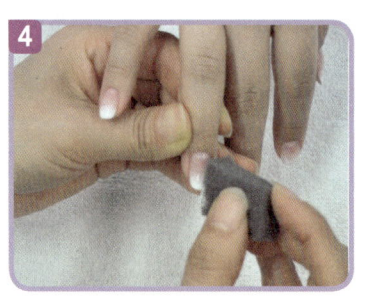
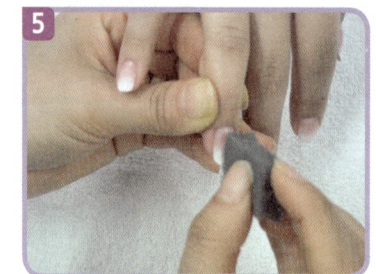

(4) 탑 코트

1) 그라데이션 컬러가 된 조체에 풀 커버로 탑 코트를 ① → ② → ③ 순서로 조체(중앙 → 오른쪽 → 왼쪽)에 바른다.

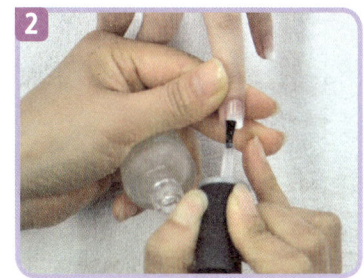

(5) 그라데이션 컬러 마무리

1) 네일 리무버를 적신 면봉 처리된 오렌지 우드스틱을 사용하여 ① → ② 순서로 손톱 주변에 묻은 컬러를 닦아낸다.

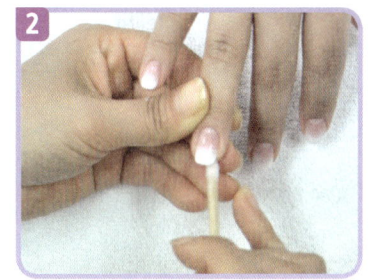

Chapter 2 | 매니큐어

(6) 그라데이션 컬러하기 완성

정리하기

그라데이션 컬러하기 절차
베이스 코트 → 그라데이션 컬러링(유색 폴리시 스폰지를 이용) → 탑 코트 → 그라데이션 컬러링 마무리 → 건조하기

Chapter 3 페디큐어

Section 01 풀 코트 페디큐어

표준시간 30분 / 연장시간 없음 / 스퀘어 셰이프 / 오른발 1~5지

발톱관리는 기본(레귤러)과 응용(스페셜)기술을 포함한다. 이는 페디큐어 컬러링으로서 프렌치 컬러하기(프렌치, 딥 프렌치)와 그라데이션 컬러하기가 포함된다.
※ [응용기술의 실제인 프렌치 컬러링, 딥 프렌치 컬러링, 그라데이션 컬러 등은 응용 매니큐어 컬러링과 동일하므로 참조 바람]

1 작업목표

세부항목	작업요소
1. 발톱 소독 및 폴리시 제거하기	1. 고객의 발톱을 소독하기 전에 작업자의 손부터 소독할 수 있다. 2. 소독제를 뿌려 고객의 발톱을 꼼꼼히 소독하여 외부의 감염 여부를 최소화할 수 있다. 3. 네일의 작업되어진 상태에 따라 리무버를 선택할 수 있다. 4. 작업된 고객의 관리 상태를 보고 폴리시를 제거할 수 있다.
2. 발톱모양 잡기	1. 모양을 잡기 위해 발톱의 상태를 파악할 수 있다. 2. 부드러운 파일로 발톱의 결대로 한쪽 방향으로 파일할 수 있다. 3. 샌딩블럭의 사이드 면을 잡고 발톱 표면을 버핑할 수 있다.
3. 각탕기에 발톱 담그기	1. 각탕기에 미온수를 담아 큐티클 정리를 위해 발톱 주변을 불릴 수 있다.
4. 큐티클 정리하기	1. 큐티클 정리가 용이하도록 큐티클 오일, 큐티클 리무버를 바를 수 있다. 2. 니퍼와 푸셔를 사용해 네일이 손상되지 않도록 주의하여 큐티클을 정리할 수 있다. 3. 파일을 사용하여 큐티클을 정리할 수 있다.
5. 네일 컬러하기	1. 로션을 도포하여 유분기를 제거할 수 있다. 2. 베이스 코트를 바를 수 있다. 3. 유색 폴리시를 바를 수 있다. 4. 탑 코트를 바를 수 있다.

2 사전준비

(1) 페디큐어 테이블을 소독제로 잘 닦는다.

(2) 테이블 위에 타월을 접어서 깔고 발 타월을 중앙에 얹는다.

(3) 페디큐어에 사용할 도구와 재료를 준비한다.

Chapter 3 | 페디큐어

(4) 비닐 팩을 페디큐어 테이블 오른쪽 아래에 붙여놓는다.

(5) 페디큐어 시에 사용할 금속도구는 소독액에 담가 놓는다.

(6) 고객용 발 받침대를 고객 앞에 놓는다.

(7) 고객의 발톱 이상 유무를 확인하고 작업 여부를 결정한다.

(8) 고객을 편하게 앉히고 신발과 양말을 벗도록 한다.

(9) 페디 슬리퍼와 각탕기를 준비한다.

3 도구 및 재료

① 토우 세퍼레이터 ② 오렌지 우드스틱 ③ 베이스 코트 ④ 폴리시(레드, 화이트) ⑤ 탑 코트 ⑥ 폴리시 리무버 ⑦ 화장솜 ⑧ 소독제 ⑨ 슬리퍼 ⑩ 각탕기 ⑪ 삼색파일 ⑫ 파일 ⑬ 우드파일 ⑭ 샌딩블럭 ⑮ 라운드 패드 ⑯ 푸셔 ⑰ 니퍼 ⑱ 더스트 브러시 ⑲ 지혈제 ⑳ 큐티클 오일 ㉑ 큐티클 리무버 ㉒ 네일 클리퍼 ㉓ 소독용기 ㉔ 위생봉투 ㉕ 스카치테이프 ㉖ 알코올 ㉗ 솜통 ㉘ 물수건(물티슈) ㉙ 타월 ㉚ 페이퍼 타월 ㉛ 정리대

※ 빨간색 부분은 재료(16개), 파란색 부분은 도구(15개)이다.

Chapter 3 | 페디큐어

4 풀 코트 페디큐어의 실제

(1) 발톱 소독 및 폴리시 제거하기

1) 손 소독하기(작업자) → 발 소독하기(고객)

① 솜에다가 손 소독제를 뿌려 적신 후 작업자의 손을 소독한다.

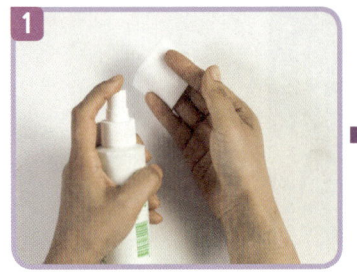 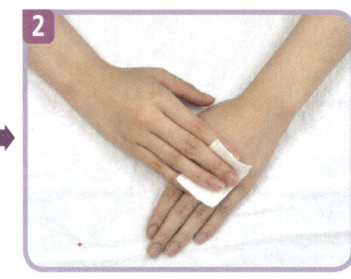 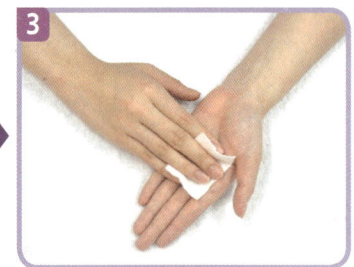

② 고객의 발(발등 → 발바닥 → 발톱) 부위를 소독해 준다.

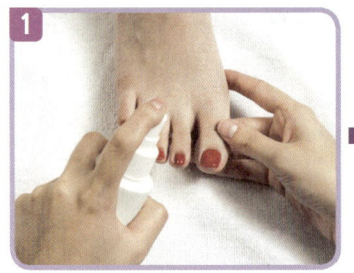 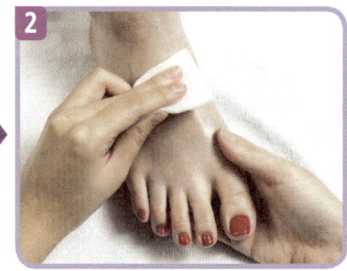 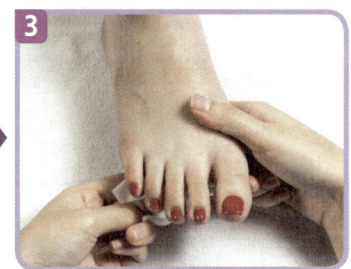

2) 네일 폴리시 제거하기

① 폴리시 리무버를 적신 솜을 발톱 위에 얹어준다.

② 오른발 모지부터 시작하여 검지, 인지, 중지 순서를 거쳐 소지에 있는 컬러된 폴리시를 제거한다.

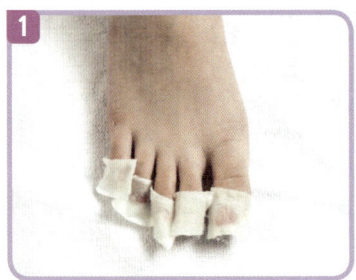 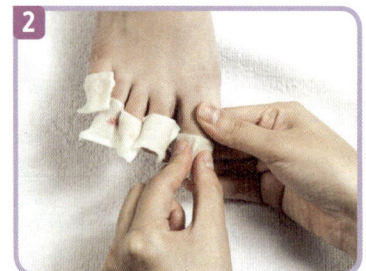 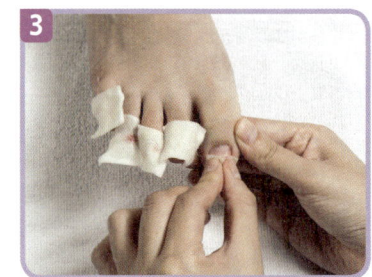

(2) 발톱모양잡기

1) 발톱모양다듬기

자유연을 직선이 되도록 하고 모서리는 가볍게 굴리는 파일을 한다.

① 에머리보드 파일을 이용하여 오른쪽 발가락 모지의 자유연 말단이 직선이 되도록 한쪽 방향으로 파일링한다.

② 조체의 오른쪽 모서리(스트레스 포인트)를 조체 중앙으로 굴리듯이 한쪽 방향으로 파일링한다.

③ 조체의 왼쪽 모서리(스트레스 포인트)를 조체 중앙으로 굴리듯이 한쪽 방향으로 파일링한다.

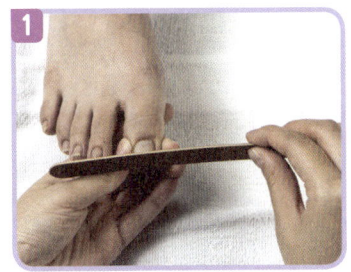 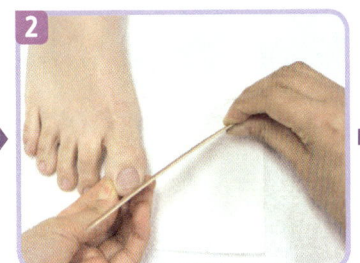 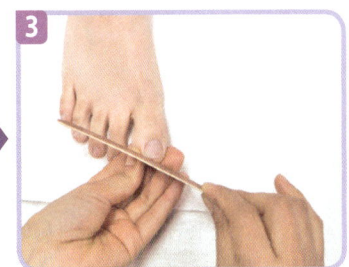

2) 샌딩하기

① 조체의 오른쪽 측면의 연곡선(만곡)된 기울기와 동일한 각도로 샌딩한다.

② 조체면의 90°로 샌딩한다.

③ 조체의 왼쪽 측면의 연곡선 기울기와 동일한 각도로 샌딩한다.

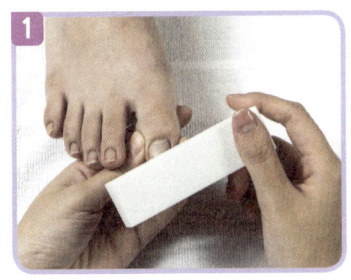 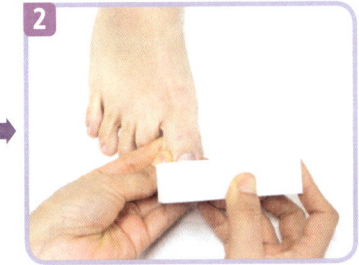 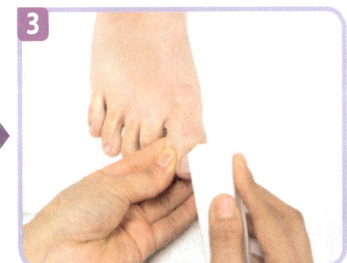

3) 거스러미 제거 및 털어주기

발톱에서 나온 불필요한 거스러미를 더스트 브러시나 라운드 패드로 깨끗이 털어 정리해 준다.

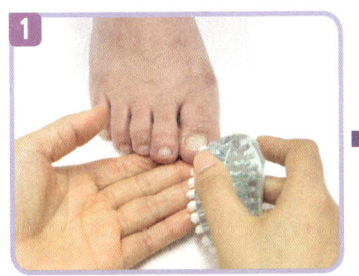  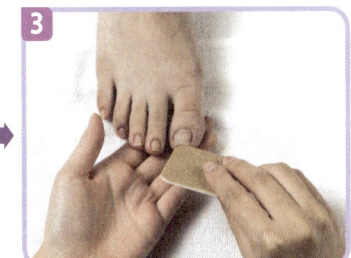

Chapter 3 | 페디큐어

(3) 발톱 담그기

1) 큐티클 연화하기

큐티클을 연화시키기 위해 물 스프레이를 뿌린다.

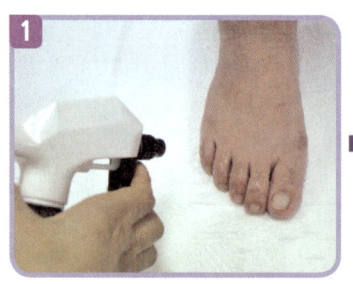 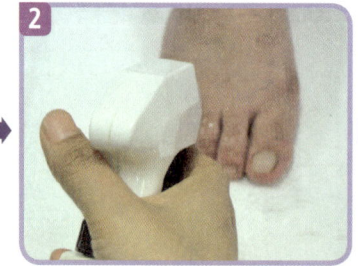 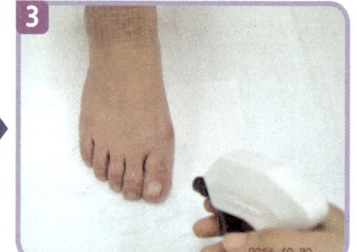

2) 발톱 물기 말리기

페이퍼 타월로 고객 발가락 사이 사이의 물기를 제거한다.

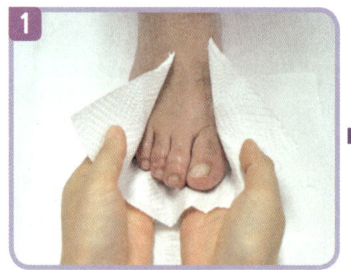  

(4) 큐티클 정리하기(오일)

1) 큐티클 리무버(오일) 바르기 및 밀어 올리기

① 큐티클을 부드럽게 하기 위해 큐티클 리무버(오일)를 바른다(사진 ①~②).

② 푸셔를 이용하여 큐티클을 조체면에 45° 각도로 밀어 올린다(사진 ③).

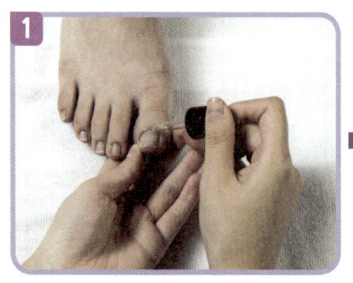 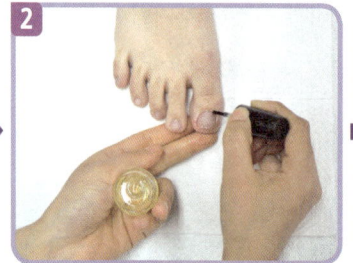 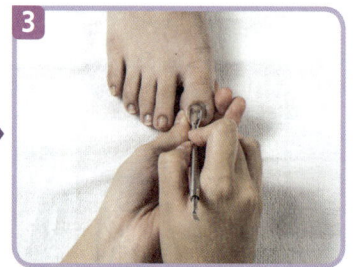

(5) 큐티클 잘라내기

1) 니퍼의 날이 ⅓정도 발톱판에 닿도록 45°로 들어준 뒤 큐티클을 제거한다.

① 니퍼를 조체면 45° 각도로 얹어 파일링과 동일하게 한쪽 방향으로 깨끗이 자른다.

② 니퍼 날의 ⅓면을 사용하여 오른쪽 측조곽면에서 후조곽(큐티클) 방향으로 잘라나간다.

③ 니퍼를 쥔 손은 바닥이 보이도록 쥐고 왼쪽 측조곽에서 후조곽(큐티클) 방향으로 잘라 연결시킨다.

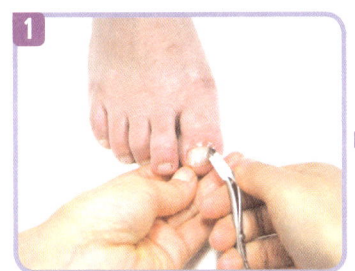
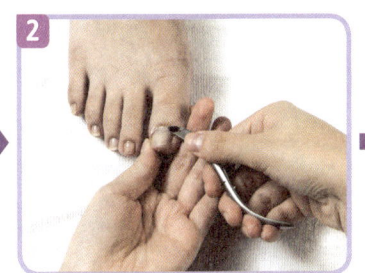
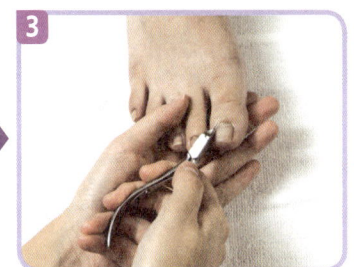

(6) 소독제 분무하기(발톱 주위)

1) 잘라낸 큐티클 주위 발톱과 그 주변에 소독제를 뿌려준다.

2) 페이퍼 타월로 고객의 발가락 사이의 물기를 제거하기 위해 페이퍼 타월로 싸서 눌러서 닦아낸다.

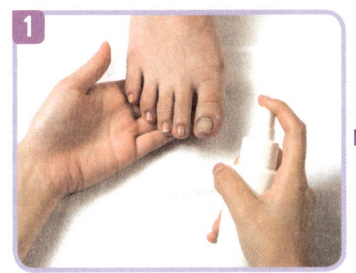
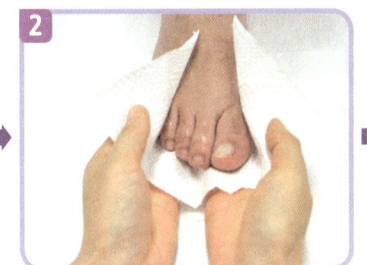

(7) 네일 컬러하기

1) 유분기 제거(면봉 처리된 오렌지 우드스틱 사용)

① 오렌지 우드스틱 끝에 솜을 말아 리무버를 적신다.

② 발톱면을 닦는다.

③ 프리에지 밑의 하조피에 묻어있는 유분기를 닦아준다.

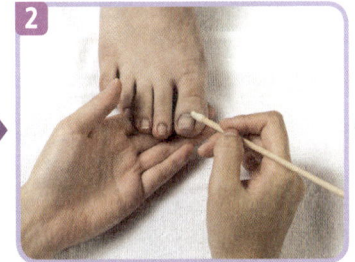
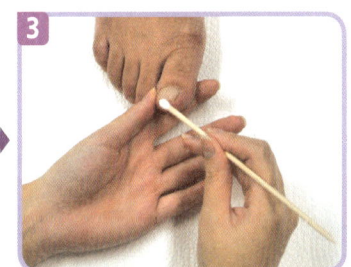

Chapter 3 | 페디큐어

2) 토우 세퍼레이터 끼우기

폴리시가 주변 피부에 묻는 것을 방지하기 위해 발가락 분리기를 사용한다(사진 ①). 인지부터 끼워 소지로 이행함으로써 끼워넣는다(사진 ②, ③).

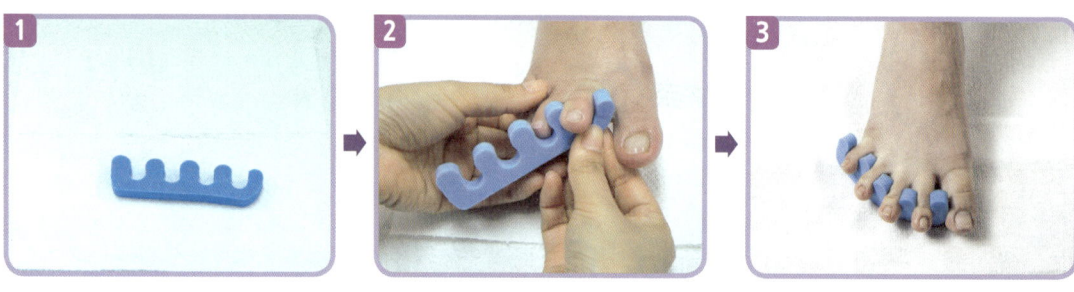

3) 베이스 코트 바르기

베이스 코트는 습식 매니큐어에서와 같이 ① → ② → ③ 순서(조체 중앙 → 오른쪽 → 왼쪽)로 얇게 펴면서 발라준다.

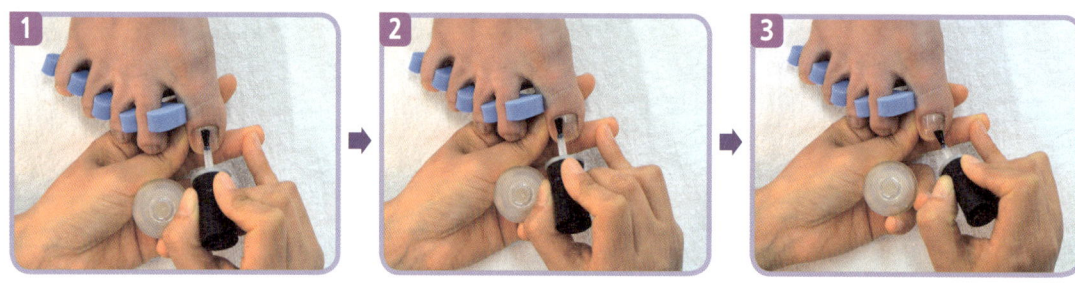

4) 폴리시 컬러하기

습식 매니큐어에서와 같은 순서로 그림의 순서와 같이 네일 폴리시를 ① → ② → ③ → ④[조체 중앙 → 오른쪽 → 왼쪽 → 프리에지 밑(프리에지 단면의 앞선)] 순서로 컬러링한다.

※2회 도포하여야 한다.

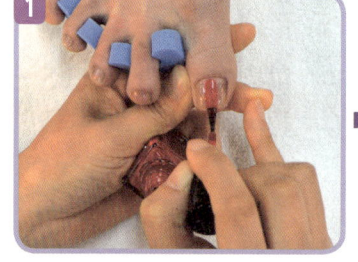
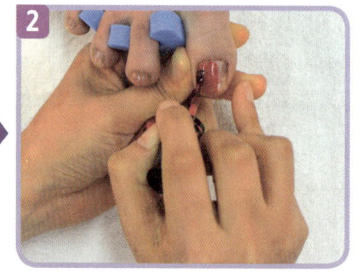
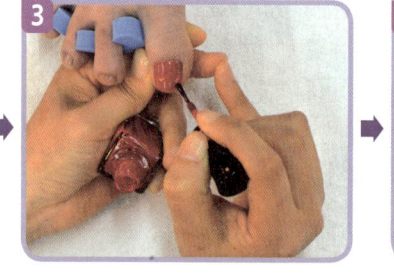
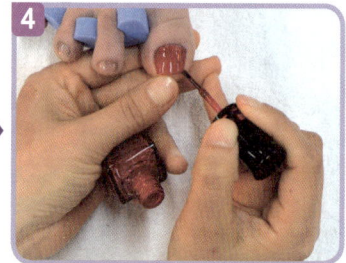

5) 탑 코트 바르기

컬러된 발톱판에 ① → ② → ③ → ④(조체 중앙 → 오른쪽 → 왼쪽 → 프리에지 밑) 순서로 풀커버한다.

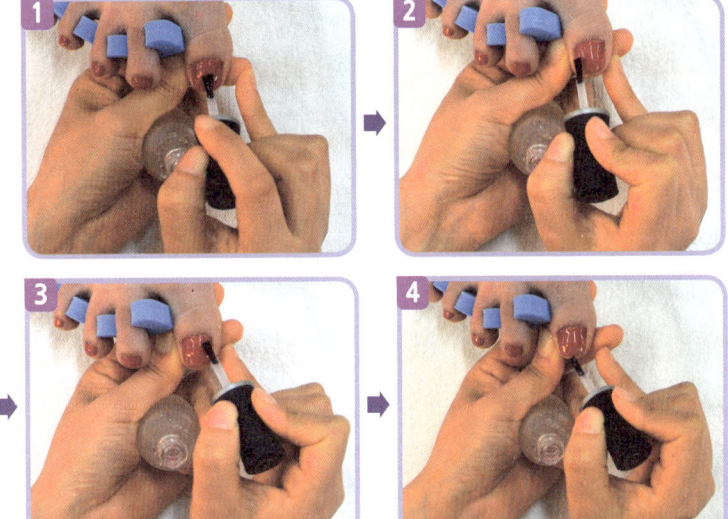

6) 발톱색조화장의 마무리 기술

오렌지 우드스틱 끝에 솜을 말아 네일 리무버를 적셔 발톱 주변과 프리에지 밑 하조피에 묻어있는 컬러를 제거한 후 페디큐어 컬러링을 완성한다.

정리하기

[손질단계 절차]
발 소독하기(작업자, 고객) → 네일 폴리시 제거하기 → 발톱모양다듬기 → 샌딩하기 → 거스러미 제거 및 털어내기 → 큐티클 연화 → 발톱 물기 말리기 → 큐티클 리무버(오일) 바르기 → 큐티클 밀어올리기 → 큐티클 잘라내기 → 소독제 분무하기 → 유분기 제거하기 → 토우 세퍼레이터 끼우기 → 베이스 코트 바르기 → 폴리시 컬러링(2회) → 탑 코트 바르기 → 발톱색조화장 마무리 → 건조하기

(8) 사후처리

1) 사용한 재료 및 도구들은 소독 처리하며 주변을 정리한다.

2) 다음 고객을 위하여 사용한 도구 및 기구들은 20분 이상 살균 소독한다.

　※ 파일은 1회용이므로 사용 후에는 폐기 처리한다.

3) 사용된 소모품 및 오물들은 비닐 팩에 넣어 폐기 처리한다.

Chapter 3 | 페디큐어

Section 02 딥 프렌치 화이트 및 그라데이션 화이트

표준시간 30분 / 연장시간 없음 / 스퀘어 셰이프 / 오른발 1~5지

딥 프렌치는 발톱색조화장의 기술 중에서 페디큐어 컬러링 절차와 관련된 응용기술이다. 따라서 이 책에서는 페디큐어 컬러링 응용기술은 사진만 제시한다.

※ 응용기술의 실제인 딥 프렌치 컬러링, 그라데이션 컬러 등의 실제 과정은 작업 절차 및 방법이 동일함으로 응용 매니큐어 컬러링을 참조 바람

1 딥 프렌치

(1) 딥 프렌치 컬러링

1) 베이스 코트 바르기(사진 ①)
2) 딥 프렌치 컬러링 등의 실제 과정의 작업 절차 및 방법은 딥 프렌치 매니큐어 방법과 동일하므로 참조 바람
3) 탑 코트 바르기(사진 ⑧)

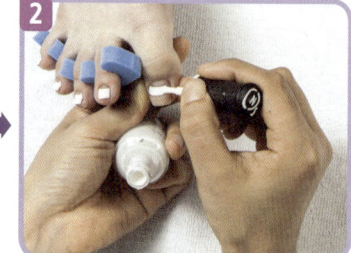
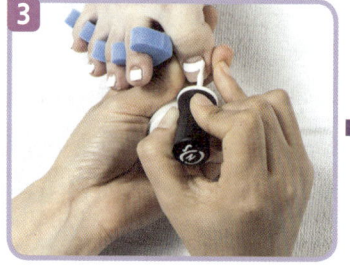
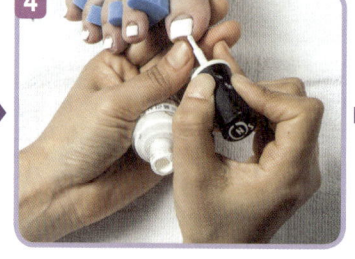
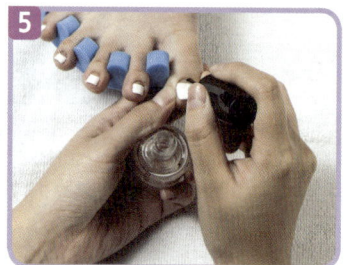

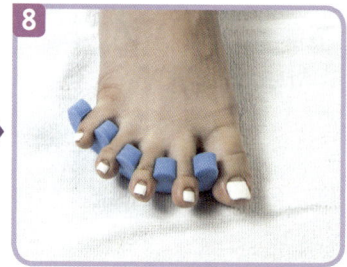

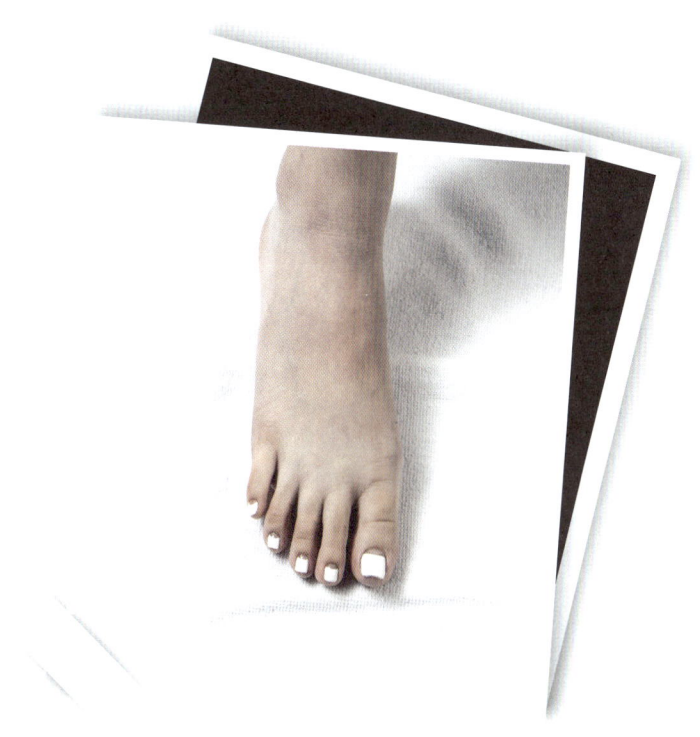

※단, 딥 프렌치 라인은 발톱 전체길이의 1/2 이상 부분이어야 한다.

(2) 그라데이션 컬러

1) 베이스 코트 바르기(사진 ①)

2) 그라데이션 컬러링 등의 실제 과정의 작업 절차 및 방법은 그라데이션 매니큐어 방법과 동일하므로 참조 바람 (사진 ②~⑤)

3) 탑 코트 바르기(사진 ⑥~⑦)

4) 마무리(사진 ⑧)

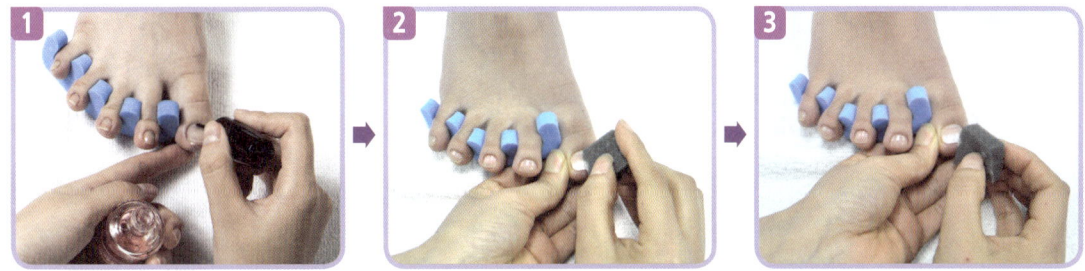

Chapter 3 | 페디큐어

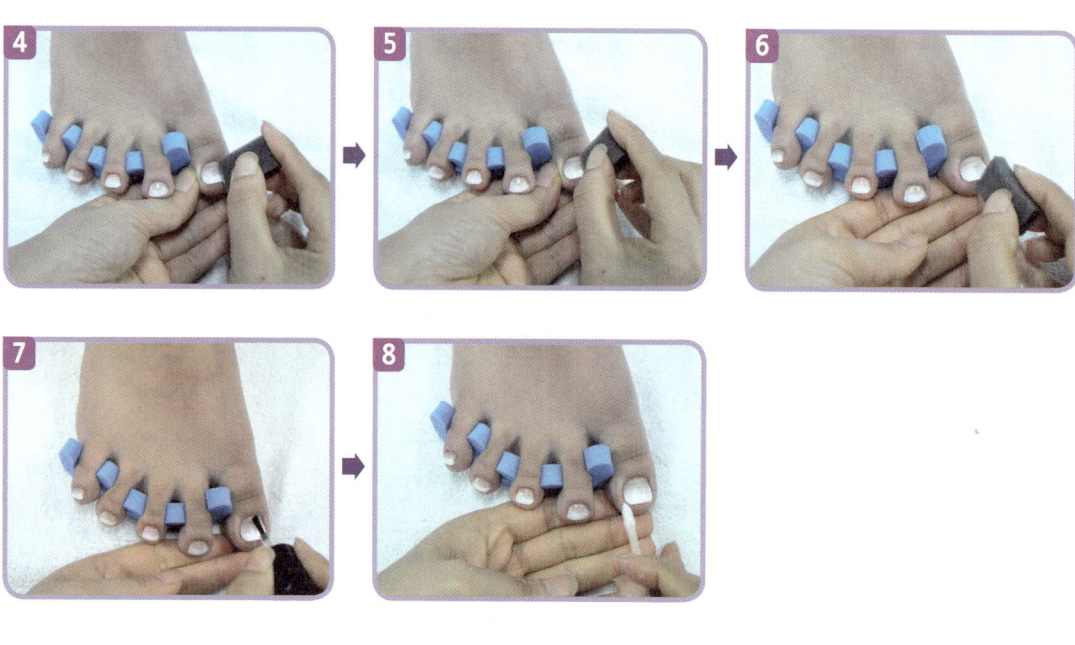

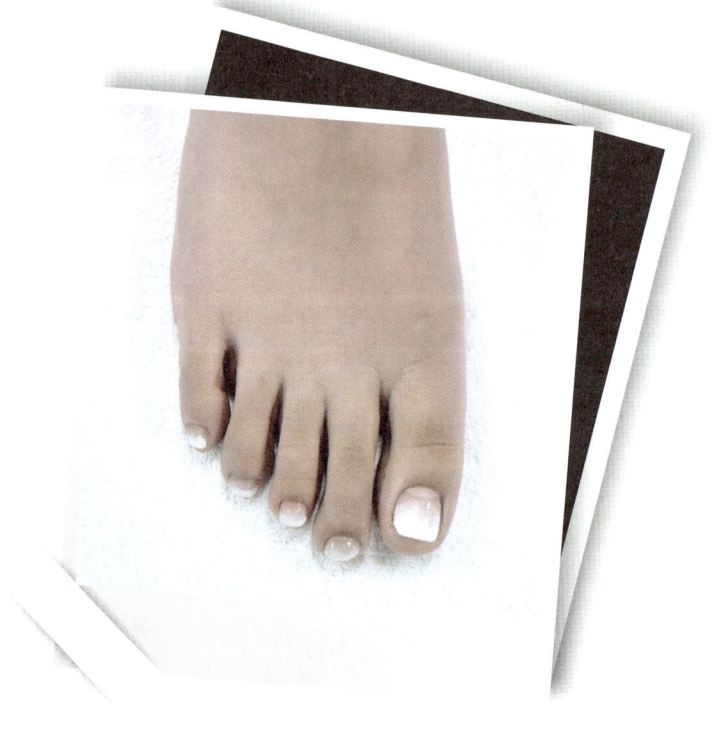

Part 2

젤 매니큐어

제2과제
35분

Chapter 1. 풀 코트 젤 매니큐어
Chapter 2. 선 마블링 젤 매니큐어
Chapter 3. 부채꼴 마블링
  젤 매니큐어

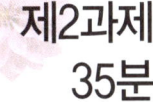

Chapter 1

풀 코트 젤 매니큐어

Section 01 젤 매니큐어 개요

1 작업목표

세부항목		관리 작업 순위
1. 젤 매니큐어	손톱 및 손 소독하기	1. 고객의 왼손 네일을 소독하기 전에 작업자의 손부터 소독할 수 있다. 2. 소독재를 뿌려 고객의 손톱을 꼼꼼히 소독하여 외부의 감염 여부를 최소화할 수 있다. 3. 네일의 작업되어진 상태에 따라 리무버를 선택할 수 있다.
	손톱모양잡기	1. 모양을 잡기 위해 자연손톱의 상태를 파악할 수 있다. 2. 부드러운 파일로 손톱의 결대로 한쪽 방향으로 파일을 할 수 있다. 3. 샌딩블럭의 사이드 면을 잡고 손톱을 버핑할 수 있다. 4. 불필요한 각질이나 거스러미를 라운드 패드로 제거하고 프리에지를 깨끗하게 정리한다. 5. 탑 젤을 바를 수 있다.
	젤 폴리시 컬러하기	1. 젤 본더를 바를 수 있다. 2. 젤 베이스를 바를 수 있다. 3. 레드젤 폴리시를 이용하여 풀 코트를 할 수 있다. 4. 레드젤 폴리시를 이용하여 딥 프렌치를 할 수 있다.
2. 젤 마블링 1 (선긋기, 레드&화이트)		1. 세필브러시에 화이트를 묻혀 세로로 선을 그어준 후 가로로 그어줄 수 있다.
3. 젤 마블링 2 (부채꼴, 레드&화이트)		1. 세필브러시에 화이트 젤 폴리시를 묻혀 세로로 선을 그어줄 수 있다. 2. 세필브러시를 사용하여 세로로 부채꼴 모양이 되도록 선을 그어줄 수 있다.

2 사전준비

(1) 매니큐어 테이블에 타월을 깔고 페이퍼 타월을 덮는다.

(2) 젤 네일에 요구되는 재료, 도구 등을 준비한다.

(3) 젤 네일 작업에 요구되는 재료 및 도구를 소독한다.

(4) 금속으로 된 도구들은 소독액을 넣은 소독용기에 담가놓는다.

(5) 고객의 네일 이상 유무를 확인하고 미용작업을 할 수 있는지의 여부를 결정한다.

(6) 비닐 팩을 매니큐어 테이블 오른쪽 아래에 붙여 놓는다.

Section 02 풀 코트 젤 매니큐어

표준시간 35분 / 연장시간 없음 / 라운드 셰이프 / 왼손 1~5지

1 도구와 재료

① 폴리시 리무버 ② 젤 크리너 ③ UV 램프 or LED 램프 ④ 화장솜 ⑤ 더스트 브러시 ⑥ 젤 네일 흰색 폴리시 ⑦ 파일 ⑧ 젤 네일 레드 폴리시 ⑨ 베이스 젤 ⑩ 탑젤 ⑪ 젤 본더 ⑫ 샌딩 블럭 ⑬ 큐티클 오일 ⑭ 오렌지 우드스틱 ⑮ 큐티클 니퍼 ⑯ 네일 클리퍼 ⑰ 큐티클 푸셔 ⑱ 손 소독제

Chapter 1 | 풀 코트 젤 매니큐어

2 네일화장물 적용 전처리

(1) 젤 네일 폴리시 전처리하기

1) 손 소독을 한다.

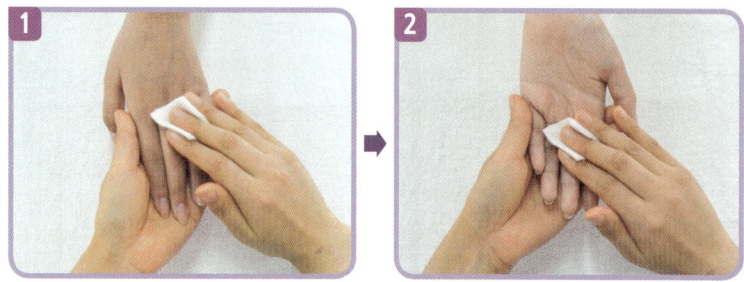

2) 조체길이를 다듬은 후 모양을 라운드형으로 다듬는다.

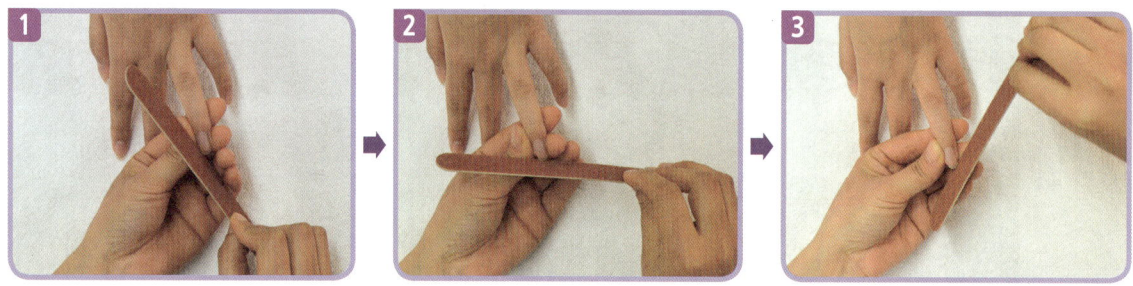

3) 자연손톱의 표면을 정리하고 유분기를 제거한다.

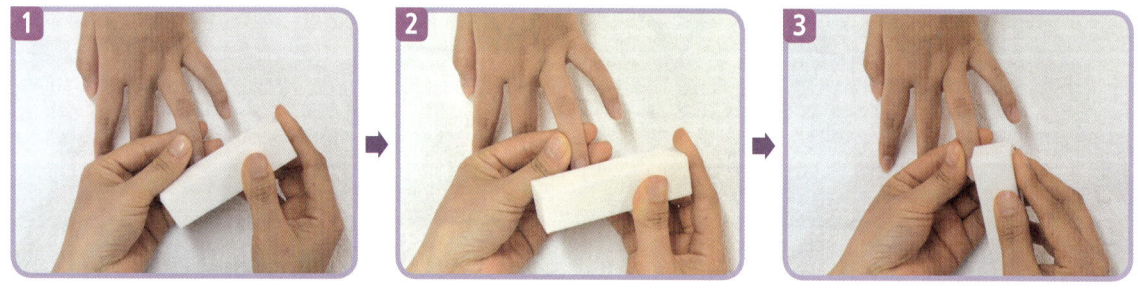

※거스러미가 있을 경우 라운드 패드를 사용하여 네일의 자유연을 깨끗하게 정리한다.

4) 더스트 브러시로 잔해를 털어낸다.

(2) 젤 네일 폴리시 전처리하기

1) 자연네일 면에 젤의 접착을 높이기 위해 얇게 소량 도포한다.

 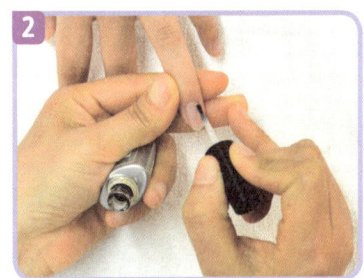 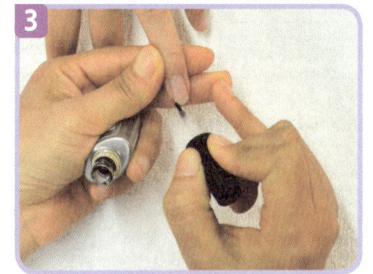

2) 젤 램프에 30초간 건조한다.

(3) 젤 베이스 바르기

젤 베이스는 손톱판 위에 폴리시 컬러링 운행에 따른 방법에서와 같이 얇게 1회 발라준다.

 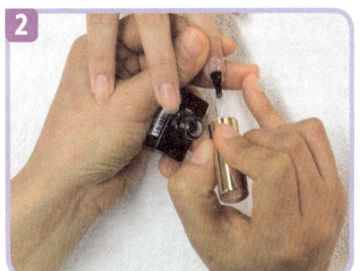 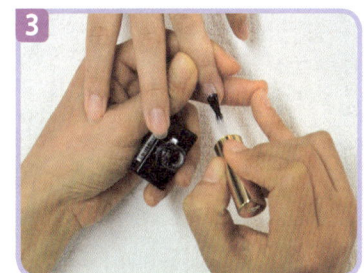

Chapter 1 | 풀 코트 젤 매니큐어

보충설명

1회 젤 폴리시 도포 방법

① 고객 손톱 중앙에 컬러링한다.

② 고객 손톱의 오른쪽에 컬러링한다.

③ 고객 손톱의 왼쪽에 컬러링한다.

④ 폴리시 브러시를 세워서 프리에지를 가로로 하여 컬러링한다.

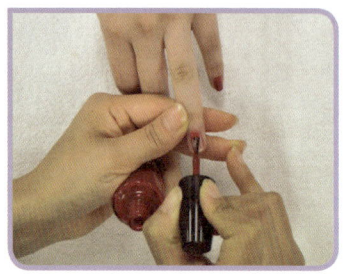 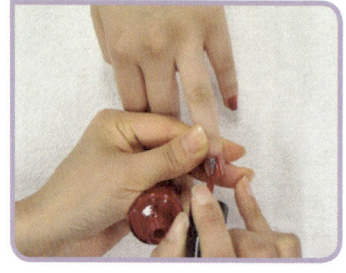 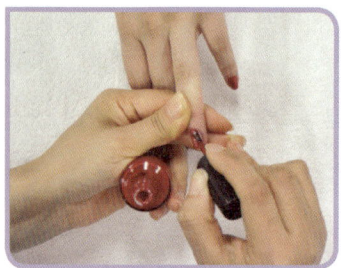

 2회 젤 폴리시 컬러도포 방법
2회 반복 컬러링일 때는 1회에만 프리에지에 컬러링한다.

(4) 젤 폴리시 풀 코트 컬러링

1) 젤 베이스 바르기와 동일하게 프리에지 밑 부분까지 얇게 1회 발라준다.

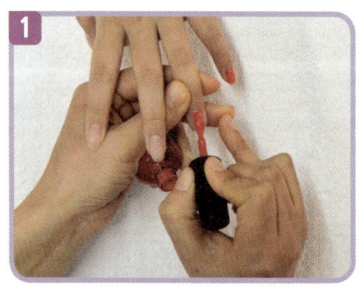 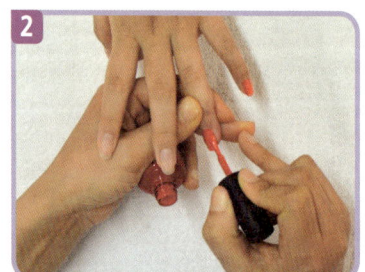 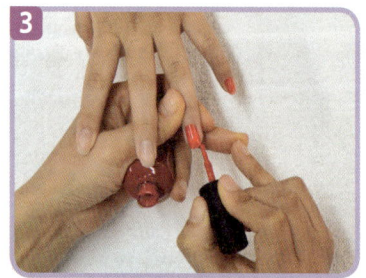

2) 젤 램프에 30초간 건조한다.

3) 네일화장물 적용 마무리
　① 젤 네일 폴리시 마무리하기
　② 젤 클렌저로 닦아서 마무리한다.

4) 젤 램프에 30초간 건조한다.

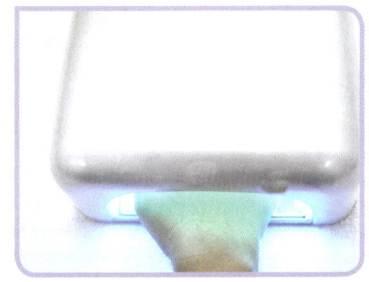

5) 젤 클린저로 미경화 젤을 닦아낸다.

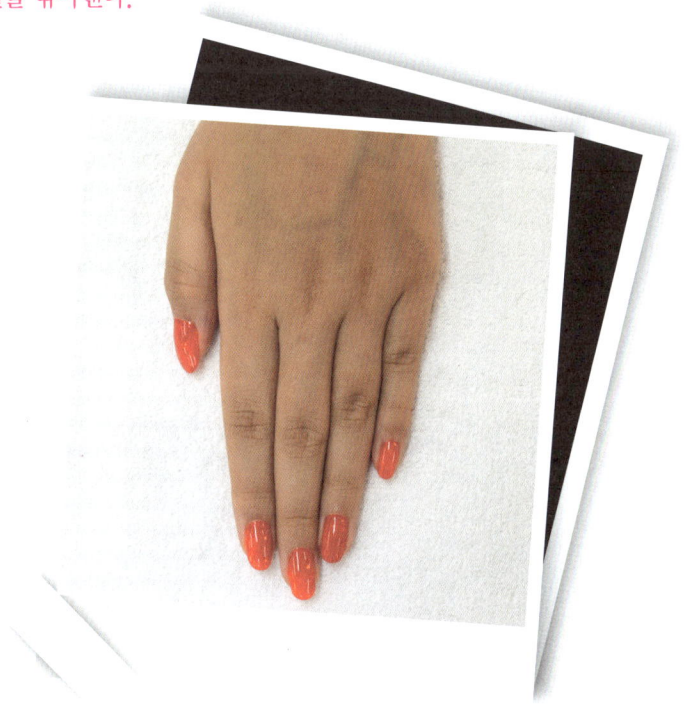

Chapter 2 마블링 젤 매니큐어

※ 사전 준비

① 매니큐어 테이블에 타월을 깔고 페이퍼 타월을 덮는다.
② 젤 네일에 요구되는 재료, 도구 등을 준비한다.
③ 젤 네일에 작업에 요구되는 재료 및 도구를 소독한다.
④ 금속으로 된 도구들은 소독액을 넣은 소독용기에 담가 놓는다.
⑤ 고객의 네일 이상 유무를 확인하고 미용작업을 할 수 있는지의 여부를 결정한다.
⑥ 위생봉투를 매니큐어 테이블 오른쪽 아래에 붙여 놓는다.

Section 01 부채꼴 마블링

라운드 모양의 자연손톱에 작업되는 부채꼴 마블링은 먼저 흰색 4줄, 빨간색 3줄을 중심으로 균일하게 교차한 7개의 가로선과 명료한 세로선 7개를 작업한다. 단, 소지의 경우 가로선 총 5개(흰색 3, 빨간색 2) 세로선 5줄로 줄여서 작업해도 된다.

(1) 손 소독하기(수험자+모델)

솜 또는 멸균거즈(안티셉틱에 적셔진 솜 또는 멸균거즈)를 사용하여 수험자의 양손과 모델의 손등과 손가락 사이 사이, 손바닥 등을 꼼꼼히 닦아낸다(사진 ①~⑥).

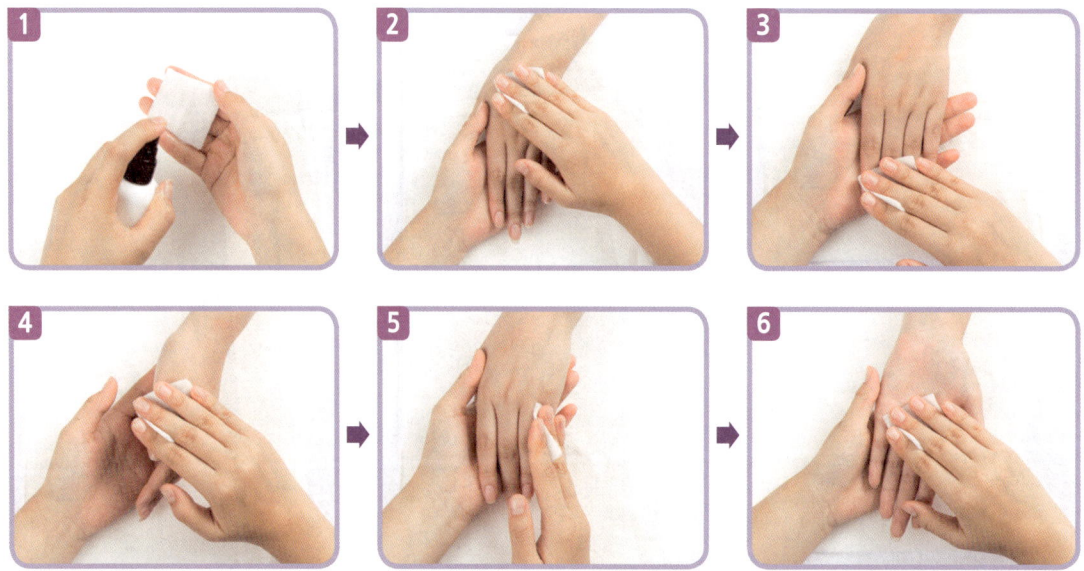

주의! ※ 소독 시 사용된 솜 또는 멸균거즈는 즉시 위생봉투에 넣고 다시 새것으로 바꾸어 사용해야 한다.

(2) 조체모양잡기

1) 조체모양다듬기

에머리보드(우드) 파일을 이용하여 모델(왼손)의 소지, 약지, 중지, 인지, 모지 순서로 프리에지를 라운드 모양으로 파일링한다(사진 ①~③).

주의!
※ 프리에지 길이는 5mm 이내로 하여 다섯 손가락의 조체길이와 모양은 일정한 라운드가 나와야 한다.
※ 손톱면을 이루는 양쪽의 스트레스 포인트는 라운드로 시작하여 프리에지 단면(끝)은 각이 없는 상태여야 한다.
※ 파일링 시 파일면을 손톱면에 문지르거나 비벼 사용하면 안 된다. 반드시 한(일정) 방향으로만 파일링 되어야 한다.

2) 손톱표면 샌딩하기

손톱표면 정리 및 유분기를 제거하기 위해 샌딩버퍼를 이용하여 손톱 측면과 정면, 측면 프리에지, 프리에지 등을 버핑한다(사진 ①~④).

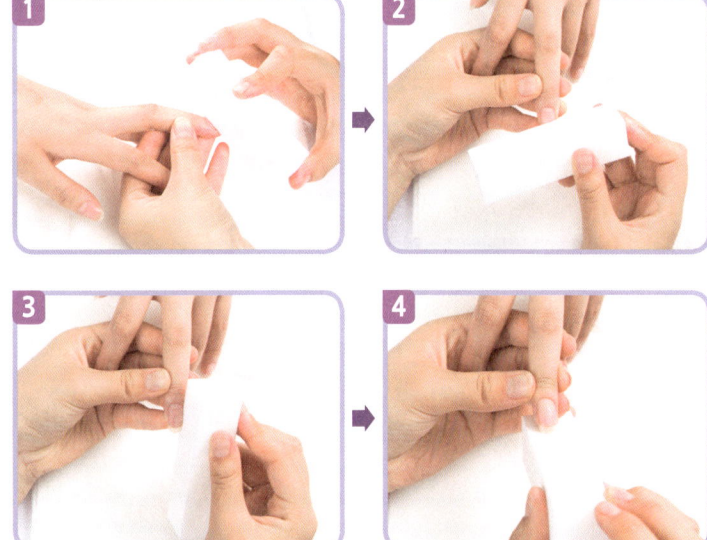

3) 거스러미 제거 및 털어내기

소독용기에서 꺼낸 더스트 브러시는 멸균거즈를 사용하여 물기를 닦아낸 후, 손등과 손톱의 잔해를 털어낸다(사진 ①~③).

4) 손톱표면 이물질 제거하기

솜(또는 멸균거즈)을 이용하여 소독제를 바른 후 손톱면과 그루브, 프리에지 위·아래를 깨끗이 닦아낸다(사진 ①~③).

 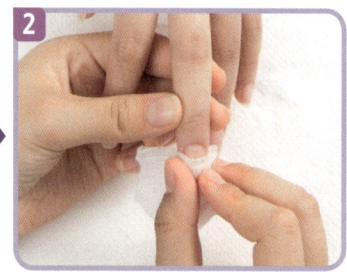 

(3) 베이스젤 바르기 및 큐어링

1) 베이스젤은 손톱면 중앙 → 오른쪽 → 왼쪽 순서로 얇게 1회 펴 바른다(사진 ①~③).

2) 모델의 왼손 소지 → 약지 → 중지 → 인지 → 모지 순으로 베이스 젤 브러시의 각도는 조체면에 대하여 45°로 운행한다(사진 ④~⑥).

3) 젤 램프에 30초 정도 경화(큐어링)시킨다(사진 ⑦~⑨).

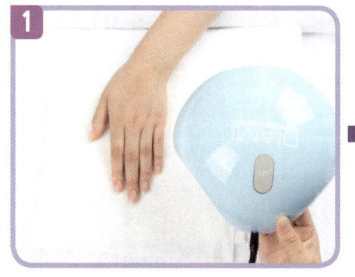  

주의! ※ 젤 베이스를 경화시킨 후에는 마른 멸균거즈를 이용하여 조체 주변의 미경화된 젤을 반드시 닦아낸다.

(4) 레드 젤 폴리시 바르기 및 큐어링

1) 1회 젤 폴리시 도포

※ 제조회사에 따라 1회 젤 폴리시 도포만 해도 되며 수험자에 맞게 사용하도록 권장한다.

모델(왼손) 소지의 손톱면 중앙 → 오른쪽 → 왼쪽 순으로 세로로 바르고 프리에지 단면은 가로(오른쪽에서 왼쪽 방향으로 향해)로 컬러링한 후 경화시킨다(사진 ①~⑥).

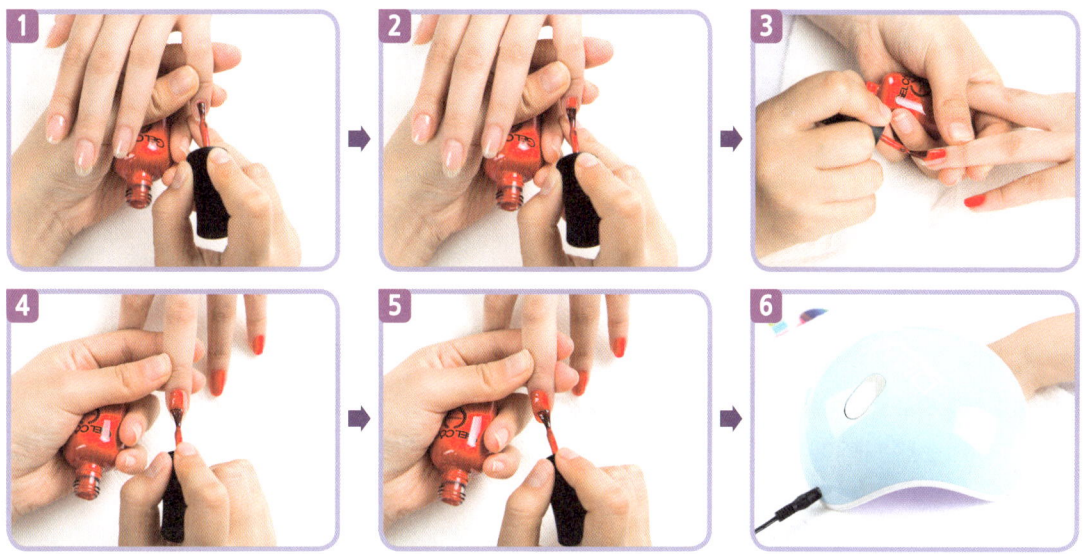

2) 2회 젤 폴리시 도포 방법

- 레드젤 폴리시를 풀 코트로 소지에서부터 모지까지 2차 컬러링 한다(사진 ①~③).
- 젤 램프에 30초~1분 큐어링 후 젤 클렌저로 미경화젤을 닦아낸다(사진 ④~⑥).

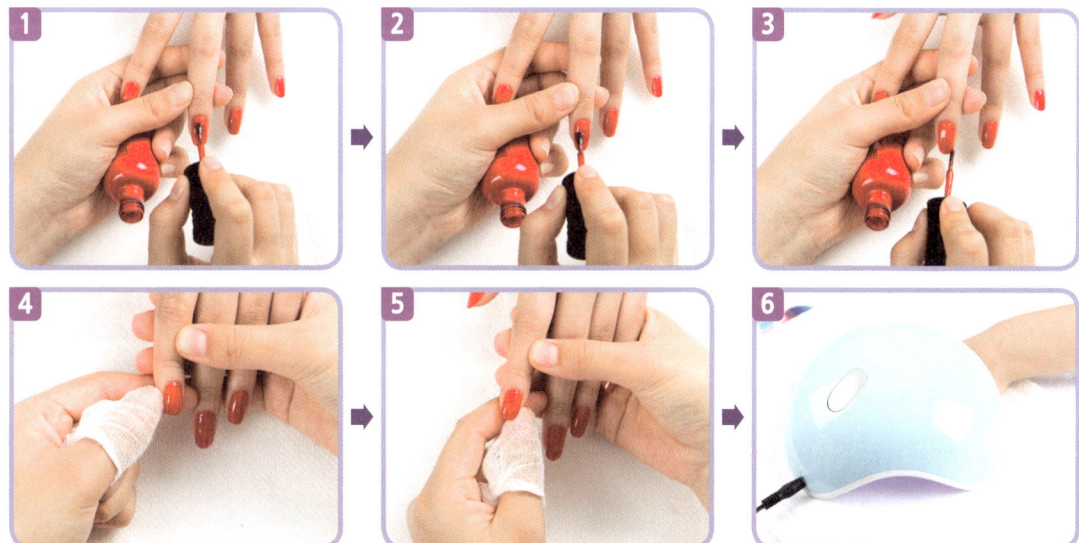

주의!
※ 손톱 주변에 묻은 젤 폴리시는 젤 클렌저로 반드시 닦아내고 젤 램프에 큐어링해야 한다.
※ 젤 폴리시 도포 시 프리에지는 1회 도포만 한다. 2회 도포 시 두꺼워져 프리에지 턱이 생기기 때문이다.

Chapter 3 | 부채꼴 마블링 젤 매니큐어

(5) 젤 클렌저 덜어내기

젤 브러시, 세필(아트)브러시를 깨끗하게 사용하기 위해 젤 클렌저를 유리볼에 덜어 놓는다. 이에 호일에 젤 폴리시(레드, 화이트)를 덜어낸다(사진 ①~③).

(6) 기본 가로선 만들기

> **보충설명**
>
> **[화이트 젤 폴리시 컬러링 방법]**
> 선을 그리는 순서는 규정이 없으나 일정한 간격을 요구한다. 기준점 관련하여서는 수험자 스스로가 중심축을 가지고 편하게 작업한다.
> - 가로선은 흰색 4줄과 빨간색 3줄을 교차로 하여 총 7면의 둥근 부채꼴이 작업된다.
> - 세로선은 프리에지 길이 내 정중면을 중심으로 하는 7개의 선으로 마블링이 된다.
>
> **[초보자일 경우]**
> - 프리에지 내 정중선을 중심으로 4개의 기준점을 찍어서 부채꼴의 간격을 맞춘다.
> - 숙달될 경우는 가늠하여 라운드로 선을 긋는다.

1) 화이트젤 폴리시를 이용한 가로선 그리기

- 경화(레드젤)된 폴리시 위에 화이트젤 폴리시를 젤 브러시로 흰색 가로선을 그리기 위해 가로 제1선(기준점)을 긋는다(사진 ①).
- 제1선(프리에지 정중면) 기준점을 중심으로 하여 가로 제2선을 긋는다(사진 ②).
- 제2선인 흰색 가로선을 근거로 제3선을 긋는다(사진 ③).
- 제3선인 흰색 가로선을 근거로 제4선을 긋는다(사진 ④).

주의 !
※ 각각의 손톱 내 가로선의 간격 폭은 동일하게 작업한다.
※ 젤의 점도는 일정해야 한다.
※ 하나의 선을 그은 다음에는 젤 브러시에 묻은 젤 폴리시는 젤 클렌저로 닦아내고 다음 선을 긋는다.

[예시]

- 소지는 가로 흰색 줄을 3번 정도 그어 놓는다.
- 소지가 끝나면 약지, 중지, 인지, 모지 순으로 흰색 가로선 4줄을 완성한 후 큐어링한다.

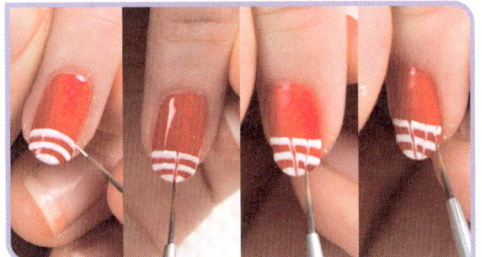

2) 레드젤 폴리시를 이용한 가로선 그리기

화이트 젤로 가로선으로 그어진 두꺼운 선은 일정한 폭(또는 간격)으로 만들기 위해 세필브러시를 사용하여 레드젤 폴리시를 붙인 후 우측에서 좌측을 향해 수정하듯이 가로선을 그어준다.

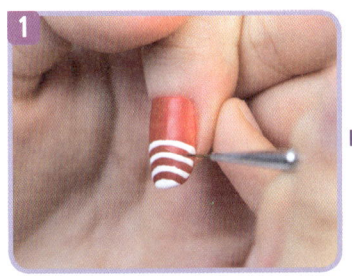

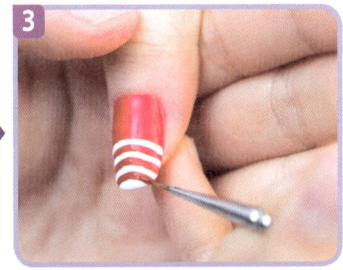

주의 !
※ 레드젤을 이용하여 선을 그을 때 화이트젤이 브러시에 묻으면 페이퍼 타월에 닦음으로써 폴리시의 번짐을 방지한다.
※ 레드젤은 수험자에게 맞게 1줄 또는 2줄만 그어도 가능하며 화이트 젤만 사용하여 가로선 4줄을 그어주고 세로선 7줄만 그어주어도 되니 수험자에게 맞게 테크닉을 적용하면 됩니다.

(7) 마블링 세로선 긋기 및 큐어링

1) 프리에지 정중점을 중심으로 위에서 아래로 제1선을 긋고, 제2선은 왼쪽 그루브 사이 ½선을 삼각베이스 모양으로 그어준다(사진 ①, ②).

프리에지 정중선에서 오른쪽 그루브 사이 ½선을 삼각베이스 모양의 제2선으로 그어준다(사진 ③).

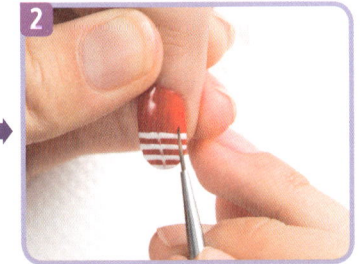
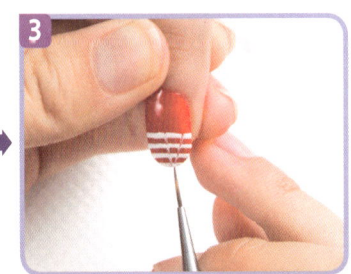

2) 제2선을 중심으로 왼쪽 측면 오른쪽 그루브 사이를 향해 삼각베이스로 하는 ½ 선인 제3선을 그어준다(사진 ①~③).

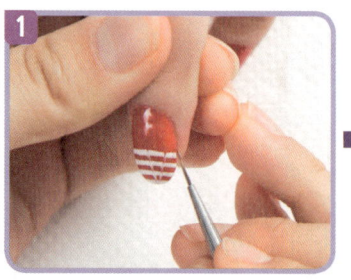 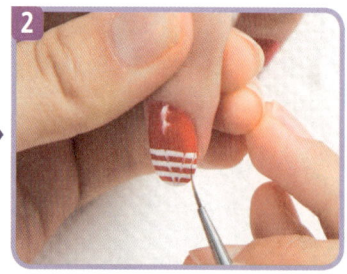 

3) 프리에지 정중선을 중심으로 손톱 왼쪽 면에 4개의 선을 만들기 위해 제1과제 2선을 중심으로 ⅛선을 그음으로써 제4선이 형성된다(사진 ①~③).

 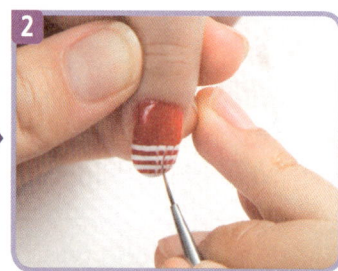 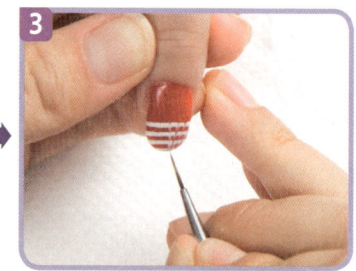

4) 제1선을 중심축으로 오른쪽 그루브 사이를 삼각베이스로 ½로 나누는 제5선을 그어준다(사진 ①).

- 제5선과 오른쪽 측면 그루브 사이에 삼각베이스로 ½ 선을 나눈 제6의 선이 형성한다(사진 ②).
- 제1선과 제5선의 중심으로 ½선을 그음으로써 제7선이 형성된다(사진 ③).

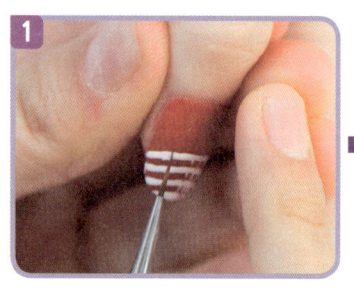 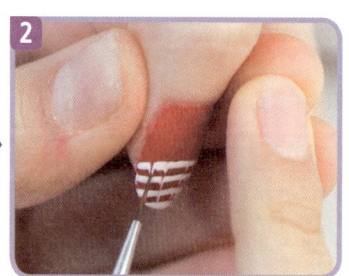 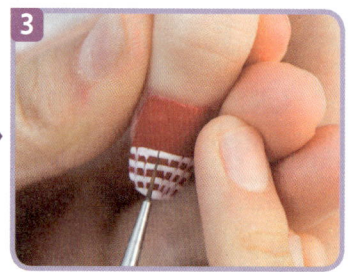

5) 부채꼴 마블링 선긋기 및 큐어링

화이트젤 폴리시를 사용하여 가로선 4개를 만들고, 세로선은 세필 브러시를 사용하여 프리에지 정중선을 중심축으로 하여 오른쪽 3선, 왼쪽 3선 합 6개의 선을 그어서 부채꼴로 마블링을 완성한 후 젤 램프에 30초 정도 큐어링한다(사진 ①~③).

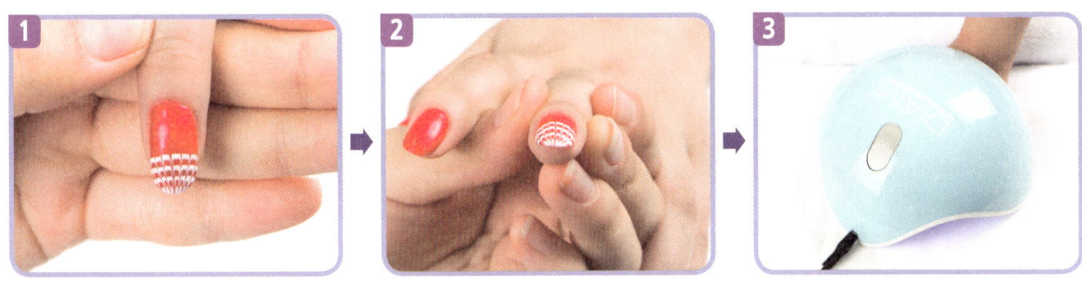

(8) 톱 젤 바르기 및 큐어링

손톱면에 광택을 주기 위해 소지에서부터 모지까지 톱 젤을 1회 얇게 펴 바른 후, 젤 램프에 2분 정도 경화시킨다 (사진 ①~③).

(9) 손톱표면 닦기

젤 클렌저를 솜(또는 멸균거즈)에 묻혀 소지에서 모지까지 손톱면을 닦아내어 부채꼴 미블링 작업을 완성한다 (사진 ①~③).

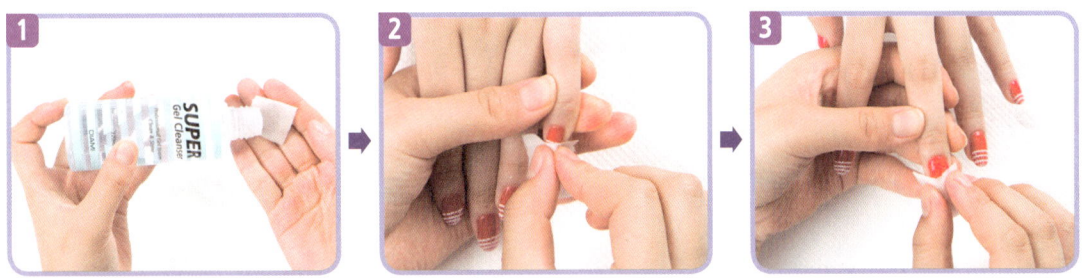

주의! ※ 손톱면에 미경화젤이 남지 않도록 화장솜으로 꼼꼼히 닦아주어야 한다.

Chapter 1 | 미용사(네일) 실기

(10) 부채꼴 마블링 완성

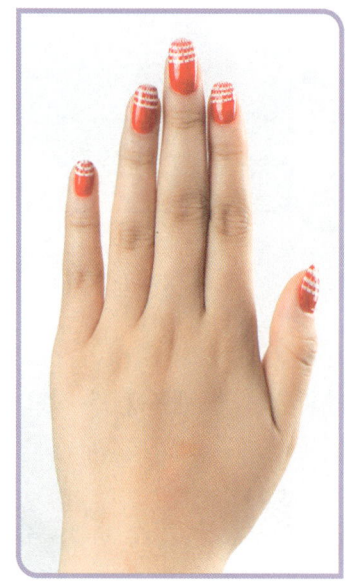

(11) 정리해 보기

정리하기

[부채꼴 마블링 절차 정리해 보기]
손 소독하기(수험자+모델) → 조체모양잡기 → 베이스젤 바르기 및 큐어링 → 레드젤 톨리시 바르기 및 큐어링 → 젤 클렌저 덜어내기 → 가로선 그리기 → 마블링 세로선 긋기 및 큐어링 → 톱 젤바르기 및 큐어링 → 조체면 닦기 → 부채꼴 마블링 완성

[작업대 정리하기]
부채꼴 마블링 작업이 완성된 후 사용된 재료와 도구를 재료 정리대에 위생적으로 처리하고 작업대 위를 깔끔하게 정리한다.

Section 02 선 마블링

> **보충설명**
>
> [레드 젤 폴리시 컬러링 방법]
> ※ 선 마블링은 부채꼴 마블링 작업에서와 같이 손소독(수험자+모델), 손톱모양잡기, 베이스젤 바르기 및 큐어링까지는 동일한 작업이 수행된다.
> ※ 선을 그리는 순서는 규정이 없으나 일정한 간격을 요구하므로 수험자 스스로가 기준점인 중심축을 가지고 편하게 작업한다.
>   • 세로선(8줄)과 가로선(세필 브러시로 5줄을 그음으로써 마블링이 됨)을 교차로 하여 선 마블링이 작업된다.
>   • 세로선은 프리에지 정중면을 중심으로 8개(레드선 4개, 화이트선 4개)의 선이 된다.
>
> [초보자일 경우]
> ※ 네일 그루브와 정중선을 중심으로 4개의 기준점을 찍어서 선 마블링의 간격을 맞춘다.
> ※ 숙달될 경우는 가능하여 직선으로 선을 긋는다.

(1) 젤 덜어내기

• 라운드 모양의 자연손톱에 작업되는 선 마블링은 먼저 8개의 세로선(화이트라인 4개, 레드라인 4개가 교차)을 일정한 간격으로 긋고 가로선 5개를 작업한다. 단, 소지의 경우 세로선과 가로선은 3개 정도만 그어도 점수에 지장을 주지 않는다.

• 젤 클렌저를 유리볼에 먼저 덜어 놓은 후, 화이트젤과 레드젤을 호일에 사용할 만큼 덜어낸다(사진 ①~③).

주의!
※ 유리볼에 담긴 젤 클렌저는 선을 그을 때 브러시에 묻은 젤 또는 폴리시의 번짐을 방지하기 위해서 사용한 브러시를 젤 클렌저에 담가 페이퍼 타월에 닦아쓰기 위해서이다.

(2) 세로 선그리기

> **보충설명**
>
> ※ 소지·약지·중지·인지·모지 등의 순서로 선 마블링 작업을 한다.
> ※ 레드젤을 사용하여 4개의 면(붉은면)을 작업하고 붉은면 사이로 화이트젤로 4개의 흰색면을 채운다.
>   • 레드젤을 세필 브러시에 찍어서 소지에서부터 선을 긋는다.

Chapter 1 | 미용사(네일) 실기

1) **기본 레드젤 세로선 나누기**

   왼쪽 측면 그루브를 메우면서 가이드라인으로 제1선을 긋는다(사진 ①).

2) 제1선을 중심축으로 오른쪽 그루브와의 사이에 ¼선을 제2선으로 그어준다(사진 ②).

3) 제2선을 중심축으로 오른쪽 그루브와의 사이에 2/4선을 제3선으로 그어준다(사진 ③).

4) 제3선을 중심축으로 오른쪽 그루브와의 사이에 ¾선을 제4선으로 그어준다(사진 ④).

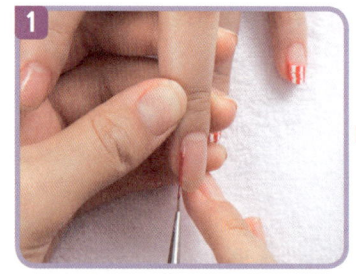
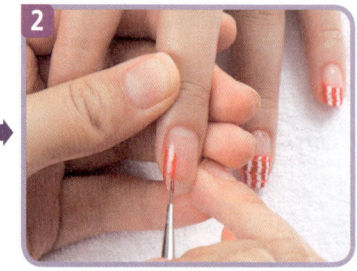

주의!
※ 붉은면이 일정한 폭이 유지되도록 레드젤을 사용하여 4개의 면을 다시 한번 정리한다(숙련자는 생략할 수 있다).

5) 선이 그려진 뒤 다시 한번 일정한 폭에 따른 면적이 나올 수 있도록 보완 작업을 해준다(사진 ①~⑥).

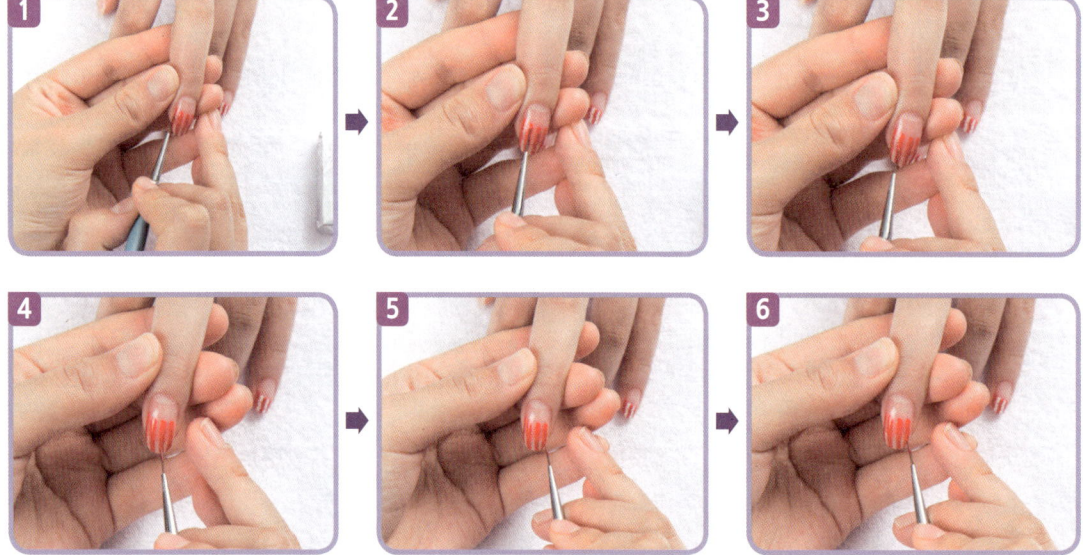

6) 기본 화이트젤 세로선 채우기

- 레드젤로 그어진 4개선의 빈 공간 각각에 화이트젤로 채워줌으로써 흰색의 면이 형성된다(사진 ①~④).
- 소지의 세로선을 그은 후 가로선을 긋는다.
- 소지는 손톱길이가 가장 짧아 6개의 8개 면을 작성해도 되나 보통 6개 면(흰색면3 · 빨간색3)의 세로선과 3줄의 가로선을 그린다.

주의!
※ 흰 선이 일정하지 않을 시 레드 젤로 덧칠할 때 일정 패턴을 만들어준다.
※ 기본선을 만들 때와 같이 각 손가락에 따라 그리는 순서는 수험자의 의도대로 할 수 있다.

(3) 가로선 그리기 및 큐어링

1) 선의 간격을 일정하게 하기 위해 프렌치 라인을 우선으로 하여 스마일 라인이 양쪽 그루브와 대칭이 형성되도록 젤 브러시를 사용하여 정리한다(사진 ①~③).

2) 선 마블링을 만들기 위해 프렌치(손톱) 정도 면적을 세필 브러시를 사용하여 제1 가로선을 긋는다(사진 ①, ②).

3) 제1 가로선을 중심축으로 프리에지 단면(끝)까지 ⅓정도 면적을 제2 가로선을 긋는다(사진 ③).

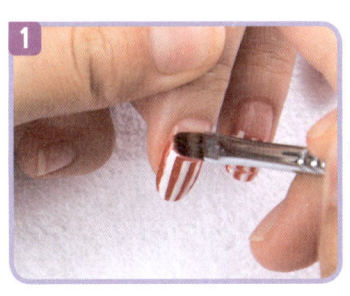 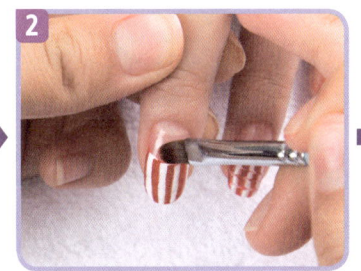 

주의!
※ 젤 브러시로 프렌치 라인을 완만한 스마일 라인 모양으로 첫 번째 선을 그어 경계선(마블링 면과 자연손톱 간의 경계)을 선명히게 한다(사진 ①~③).
※ 새끼(소지)손톱은 세로선 3줄 가로선 3줄로 완성할 수 있다.

4) 제1 가로선을 중심축으로 아래 스마일 라인까지 ½정도의 면적을 제3 가로선으로 나눈다(사진 ④).

5) 제 1가로선과 제 2가로선 ½정도 면적을 제 4가로선으로 나눈 후 젤 램프에 30초 정도 큐어링한다(사진 ⑤, ⑥).

주의!
※ 한 줄의 선을 그을 때마다 세필 브러시에 묻은 젤을 젤 클렌저와 페이퍼 타월로 닦아내면서 다음 선을 끌 듯이 그어준다.
※ 가로 또는 세로로 분류하는 선은 간격과 폭에서 일정하게 분배되어야 한다.
※ 경계를 나타내는 선을 긋는 것은 오른쪽 또는 왼쪽, 위 또는 아래에서 시작점은 수험자의 관점에서 행할 수 있다.

(4) 톱 젤 바르기 및 큐어링

왼쪽 손 소지에서부터 톱 젤을 손톱면의 중앙에서 오른쪽, 왼쪽 순으로 얇게 여러 번 쓸어내리듯 도포한 후 젤 램프에서 1~2분 정도 큐어링한다(사진 ①~④).

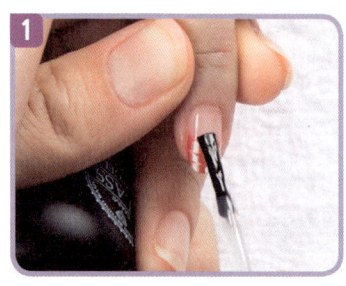 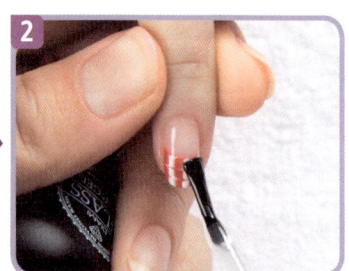

주의!
※ 톱 젤 도포 시 얇게 여러 번 쓸어내리듯 도포하지 않으면 기포가 생길 수 있다.

 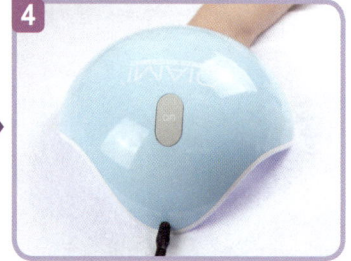

(5) 손톱표면 닦기

젤 클렌저를 솜(또는 멸균거즈)에 묻혀 소지에서 모지까지 손톱면과 주변(미경화젤)을 깔끔이 닦아내어 선 마블링 작업을 완성한다(사진 ①~⑤).

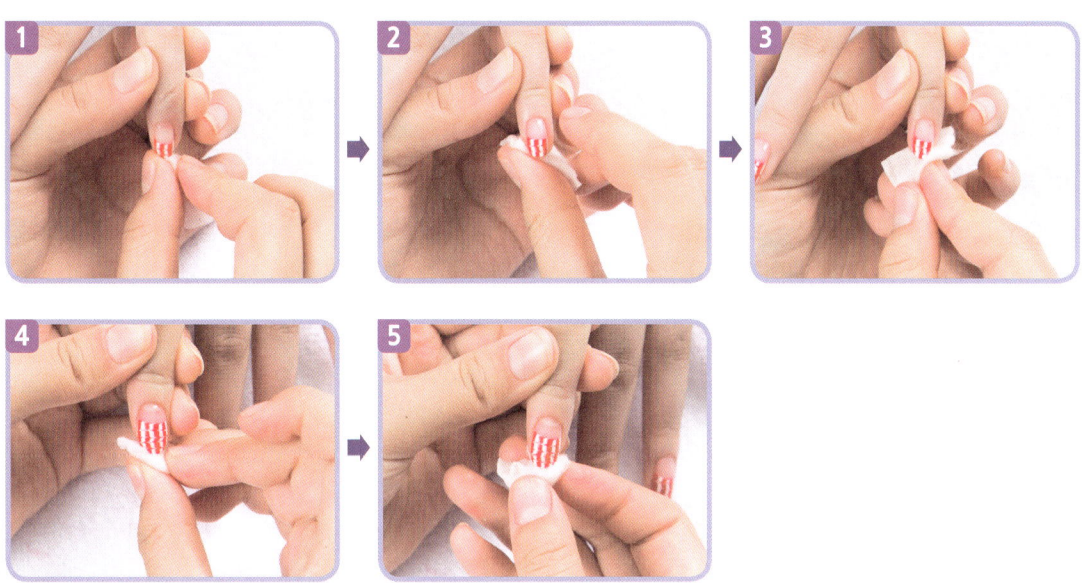

(6) 선 마블링 완성

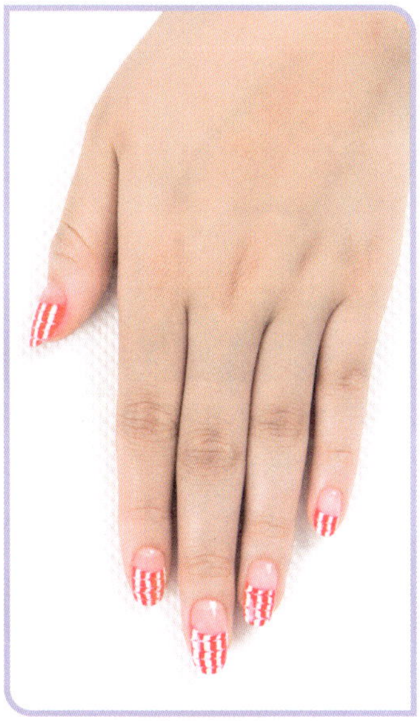

Chapter 1 | 미용사(네일) 실기

(7) 정리해 보기

정리하기

[선 마블링 절차 정리해 보기]
손 소독하기(수험자+모델) → 조체모양잡기 → 베이스젤 바르기 및 큐어링 → 세로선 그리기 → 가로선 그리기 및 큐어링 → 톱젤 바르기 및 큐어링 → 조체면 닦기 → 선 마블링 완성

[작업대 정리하기]
부채꼴 마블링 작업이 완성된 후 사료된 재료와 도구를 재료 정리대에 위생적으로 처리하고 작업대 위를 깔끔하게 정리한다.

[예시]

1 젤 레드폴리시로 딥프렌치하기

(1) 딥프렌치 컬러링하기

> 주의!
> ※ 선 마블링 작업을 하는 순서는 규정이 없으나 일정한 간격을 요구하므로 기준점을 수험자 스스로가 편한 방법을 선택하여 작업한다.

- 레드젤 폴리시를 사용하여 딥프렌치로 컬러링한다(사진 ①~⑥).

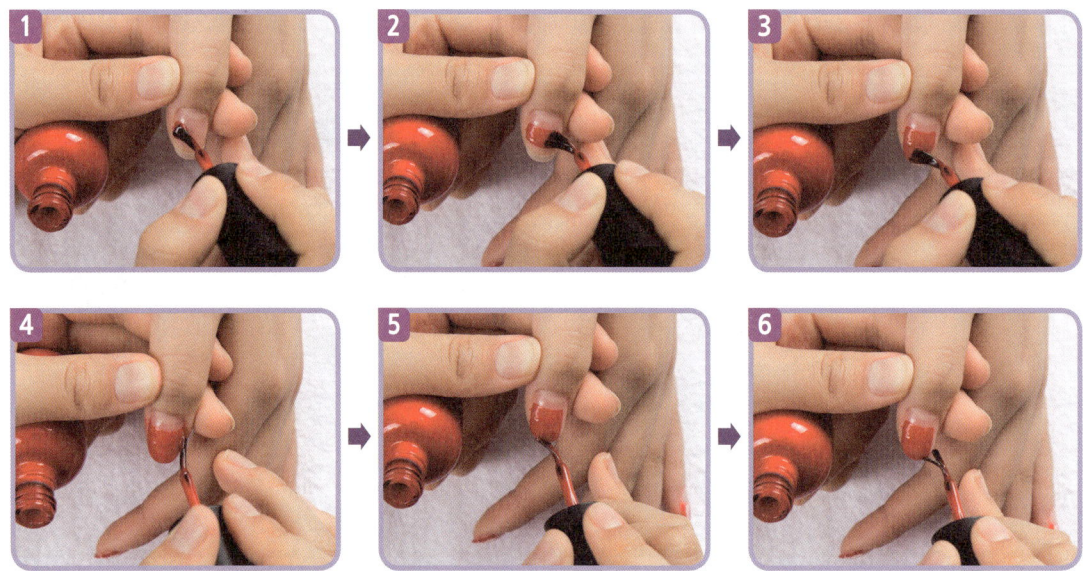

- 젤 브러시에 젤 클렌저를 묻혀 손톱 주변에 묻은 젤 폴리시를 닦아낸 후 젤 램프에 경화한다.

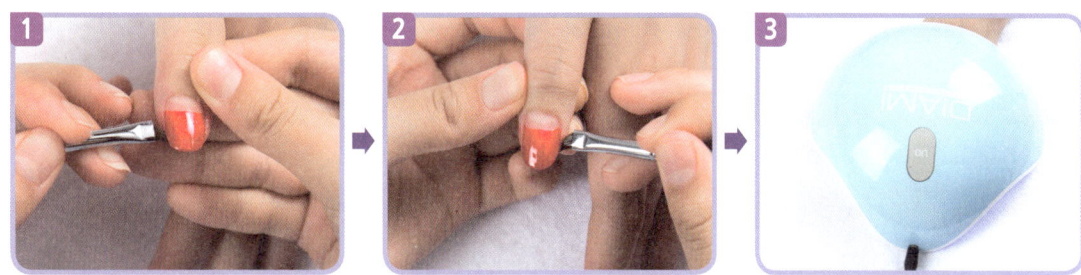

(2) 세로선 그리기 및 큐어링

　1) 화이트젤 폴리시를 사용하여 세로선 4줄을 균등하게 그려주고 레드젤 폴리시를 사용하여 흰색과 흰색의 세로선 사이에 가볍게 그려준다(사진 ①~③).

　2) 젤 브러시를 이용하여 딥프렌치 라인을 가볍게 쓸어준다(사진 ①~③).

Chapter 1 | 미용사(네일) 실기

(3) 가로선 그리기 및 큐어링

아트 브러시를 이용하여 왼쪽에서 오른쪽으로 균등한 가로선이 되도록 2줄을 그어준다.

> 주의!
> ※ 1번과 3번 가로선 사이를 오른쪽에서 시작하여 왼쪽으로 가로선을 그어준다.
> ※ 3번 4번 가로선 사이를 오른쪽에서 시작하여 왼쪽으로 가로선을 그어준 후 젤 램프에 경화한다.
> ※ 첫 번째 가로는 왼쪽에서 시작하여 오른쪽으로, 2번째는 오른쪽에서 시작하여 왼쪽으로 가로로 그어준다.

(4) 젤 탑 바르기

젤 탑을 프리에지까지 바른 후 젤램프에 30초간 경화한 후, 젤 클렌저를 사용하여 미경화젤을 닦아낸다.

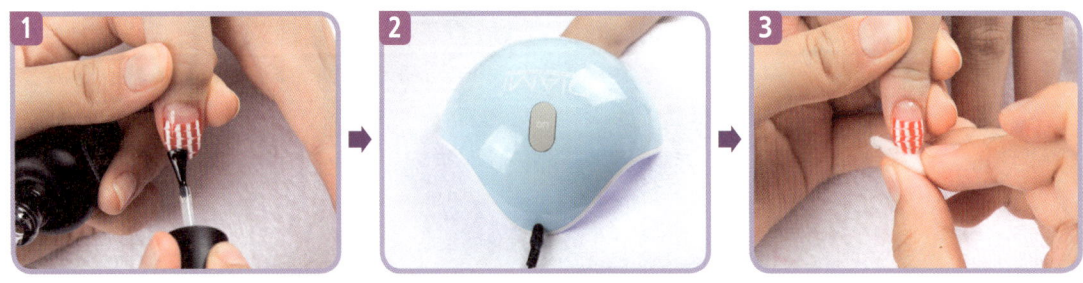

Part. 3

인조네일

Chapter 1. 인조네일 미용기술 이론편
Chapter 2. 내추럴 팁 위드 랩
Chapter 3. 젤 원톤 스컬프처
Chapter 4. 프렌치 스컬프처
Chapter 5. 네일랩 익스텐션

제3과제
40분

Chapter 1 인조네일 미용기술 이론편

Section 01 인조네일 개요

인조네일은 크게 팁 네일과 스컬프처 네일로 나뉜다. 팁 네일은 팁 부착하기, 팁 위드 실크(랩), 팁 위드 아크릴·젤로 구분되며 스컬프처 네일은 아크릴 스컬프처와 젤 스컬프처로 구분한다.

1 인조네일의 개요

인조네일 중 팁 네일은 "팁 부착하기"가 기초(레귤러)기술이며, 팁 위드 실크, 팁 위드 아크릴, 팁 위드 젤 등은 응용(스페셜)기술이다.

※ 모든 팁 네일에 사용되는 팁 부착하기 기술은 팁 위드 실크와 팁 위드 아크릴, 팁 위드 젤을 하기 위한 기초기술로서 반복된 설명을 피하기 위해 프리퍼레이션으로 칭한다.

종류		개요
팁	팁 부착하기	• 인위적으로 만든 네일을 팁이라 하며 염화비닐, 수지 등을 원료로 하여 만든 인조손톱이다. • 1차적으로 팁은 자연네일의 길이를 인위적으로 연장할 때 사용한다. • 2차적으로 자연네일에 연장된 인조손톱의 팁 턱을 제거하고 글루+젤 글루+필러 파우더를 사용하여 보강한다.
	팁 위드 실크(랩)	• 팁 부착한 후 인조손톱을 보강하기 위해 실크(3차)로 감싼다. • 글루나 젤 글루 등 접착제를 사용한 뒤에는 표면을 고르게 하기 위해 반드시 샌딩한다.
아크릴	오버레이	• 인조손톱(팁) 부착 후 보강하기 위해 아크릴 볼로 덧바른다.
	스컬프처	• 폼을 연장도구를 받친 후 이에 아크릴 볼을 얹어 인위적으로 조체를 연장시키고 덧발라서 보강하는 기술로서 아크릴 네일이다.
젤	오버레이	• 인조손톱(팁) 부착 후 보강하기 위해 젤 볼을 덧바른다.
	스컬프처	• 폼을 연장도구로 사용하여 젤 볼을 얹어 인위적으로 조체를 연장시키고 덧발라서 보강하는 기술로서 젤 네일이다.

2 인조네일의 유형

자연네일의 자유연에 화이트 또는 내추럴 팁을 덧대어 글루로 접착·연장시키는 팁 부착하기를 기본으로 다음과 같이 랩 또는 오버레이를 할 수 있다. 팁으로 연장된 조체 총 길이에 실크를 덧대는 랩과 아크릴·젤 등을 덧바르는 오버레이로 대별된다.

종류		내용
1. 팁 위드 실크	자연네일의 자유연에 팁을 글루 또는 젤 글루로 접착 연장한다. 이 때 팁 턱을 고르게 하기 위해 필러 파우더로 팁을 보완한 후 실크를 덧대는 랩 기법이다.	① 자연네일의 자유연 길이는 1mm 이하, 조체모양은 완만한 라운드형의 인조네일을 위한 프리퍼레이션이다. ② 실크를 조체모양에 덧대 맞추어 보아서 사다리꼴이 나오도록 조금 크게 자르며 연장술일 경우 0.5~1cm 정도 프리에지를 길게 재단한다. ③ 조체의 오른쪽 큐티클 라인(1~2mm 공간을 둠)에 부착하면서 측조곽(1mm 정도 공간을 둠)을 연결 접착시킨다. 큐티클은 1.5mm / 양 사이드 네일 그루브 1mm ④ 조체 왼쪽 측조곽과 스트레스 포인트에 거의 일치하도록 실크를 재단한 후 하이포인트 지점에 글루를 한 번 각각 양쪽의 측조곽으로 가볍게 짜서 조체 전체에 퍼져 흡수되도록 접착한다. ⑤ 글루가 보강된 실크 위에 글루로 재도포한 후 자유연 밖으로 실크를 가볍게 당겨 밀착시킨다. ⑥ 자유연 말단과 스트레스 포인트에 직각으로 파일하여 길이를 조정한다. ⑦ 랩 턱(큐티클 라인)을 부드러운 파일(180그릿)로 제거한다. ⑧ 인조네일 조체판에 샌딩블럭으로 버핑한다. ⑨ 글루(1회) + 젤 글루(1회)를 조체면에 꼼꼼히 발라준다(글루만 2번 도포할 수 있다). ⑩ 글루 드라이한다. ⑪ 샌딩블럭으로 버핑한다. ⑫ 더스트 브러시로 잔해를 털어낸다. ⑬ 큐티클 오일을 도포하고 조곽 주변을 밀어(오렌지 우드스틱)준 후 샤이니 블럭으로 광택을 낸다.
2. 팁 위드 오버레이	팁 위드 젤	① 내추럴 팁을 자연네일의 자유연에 접착·연장한 후 네일 총 길이에 아크릴 볼을 사용하여 오버레이 기법으로 보강한다. ② 아크릴 볼 : 아크릴 리퀴드(모노머) + 아크릴 파우더(클리어·내추럴·핑크 파우더)를 혼합하여 사용한다. ③ 원톤 아크릴 오버레이 : 내추럴 팁(원톤)으로 연장시킨 조체에 클리어·핑크·내추럴 파우더를 선택하여 사용한다.
		① 내추럴 팁을 자연네일의 자유연에 접착 연장한 후 조체 총 길이에 젤 볼을 사용하여 오버레이 기법으로 보강한다. ② 팁으로 연장시킨 조체에 클리어·핑크 젤을 선택하여 사용한다. ③ 원톤 젤 오버레이는 3~4번 정도 건조(큐어링)한다.
3. 아크릴 스컬프처	아크릴 원톤 스컬프처	폼을 이용하여 내추럴 아크릴 볼을 자유연에 얹어 옐로우 라인을 프렌치하여 연장한다. 이와 더불어 조체판에 핑크 또는 클리어 아크릴 볼을 올리고, 큐티클 라인에 핑크 또는 클리어 아크릴 볼을 올린 후 건조시킨다.
	아크릴 화이트 프렌치 스컬프처	폼을 이용, 화이트 아크릴 볼을 자유연에 얹어 스마일 라인을 프렌치하여 강조한다. 이와 더불어 조체판에 핑크 또는 클리어 아크릴 볼을 큐티클 라인을 올리고, 클리어를 올린 후 건조시킨다.

Chapter 1 | 인조네일 미용기술 이론편

종류		내용
4. 젤 스컬프처	젤 원톤 스컬프처	폼을 이용, 클리어 또는 핑크 젤을 프리에지에 얹어 길이를 연장시킨 후 조체 전체에 클리어 또는 핑크 젤을 올려 조형한다.
	젤 프렌치 스컬프처	폼을 이용, 화이트 젤을 프리에지에 얹어 길이를 연장시키면서 스마일 라인을 프렌치하여 조형한다. 이와 더불어 조체판에 클리어 젤을 조금 두껍게 올려 조형한다.

Section 02 인조네일의 재료

1 인조네일의 재료

(1) 팁 선택

조체면에 직접 접착되는 웰(well)은 얇을수록 좋으며, 정지선(position stop line)은 깊이가 깊을수록(아치형이 가까울수록) 좋은 팁이다.

※ 실제 시험에서는 웰선이 있는 내추럴 하프웰 팁(스퀘어)을 사용한다(사진 ①).

(2) 브러시 선택

1) 아크릴 브러시의 구조

브러시는 붓살과 붓대로 구성된다.

① 브러시 끝단 : 팁(tip) 또는 프라그(flag)라고도 하며 스마일 라인, 큐티클 라인 등 미세한 작업에 사용한다.

② 브러시 중간 : 벨리(belly)라고도 하며, 조체모양을 조형한다.

③ 브러시 시작단 : 백(back) 또는 베이스(base)라고도 하며, 브러시를 눌러서 조체모양과 길이를 만든다.

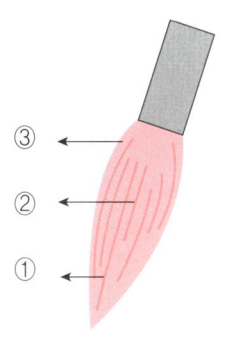
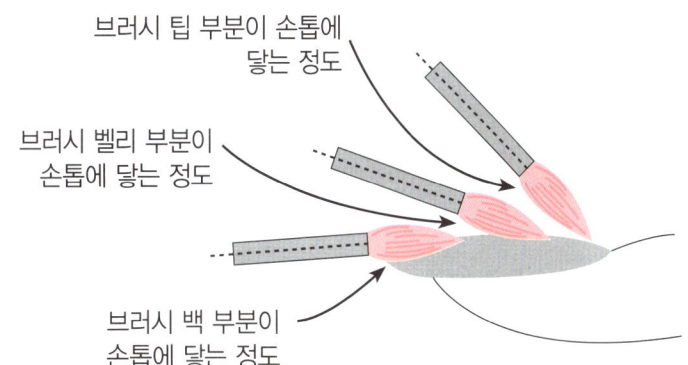

(3) 램프

1) 젤 램프기기

젤 네일에 사용되는 램프는 자외선과 가시광선으로 구분된다. UV 젤에 첨가되어 있는 광중합 개시제의 종류에 따라 기기의 사용은 달라진다.

① 자외선(UV) 램프

UVA(320~400nm)의 광중합을 통한 반응에 의해 젤 볼이 건조(경화)된다.

② 가시광선(LED) 램프

태양광선(400~700nm)이 갖는 파장으로서 발광력이 높아 젤 볼 건조 시 시간 단축과 함께 광택력이 크다.

(4) 폼(스컬프처)

폼은 조체 밑에 끼워 자유연의 지지대로서 모양을 만들거나 길이를 연장할 때 사용되는 받침대이다.

Chapter 1 | 인조네일 미용기술 이론편

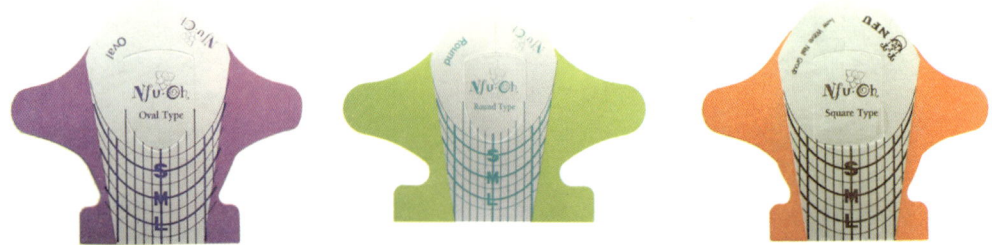

2 인조네일 제품 사용법

(1) 팁 부착하기

1) 조체의 크기와 동일한 팁을 선택하여 조체에 적절한지 대조한다(사진 ①~③).

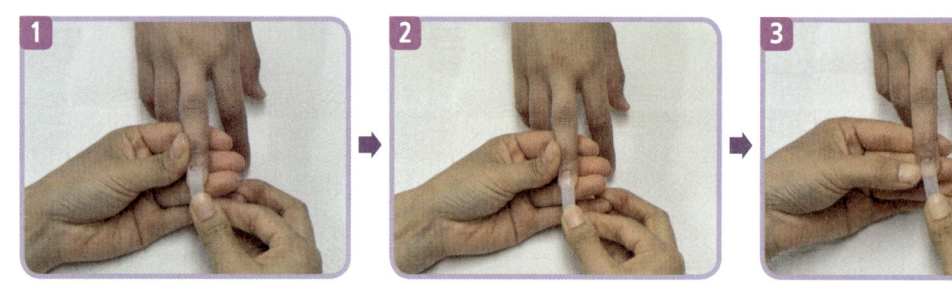

2) 팁에 글루 또는 젤 글루를 고르게 도포한다(사진 ①~③).

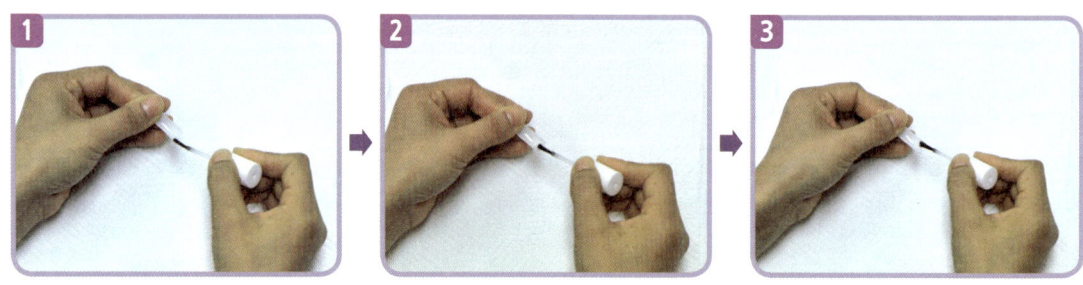

3) 팁 부착 시 작업자의 모지와 인지로 팁을 잡고 고객의 조체 면에 45°로 접착한 후 작업자의 모지와 인지로 부착된 팁 양면(스트레스 포인트)을 눌러 주면 밀착과 함께 공기가 들어가지 않는다.

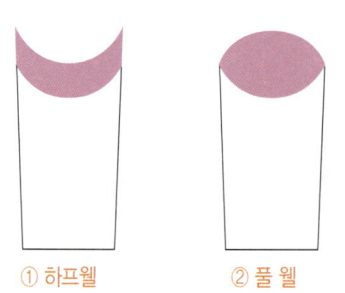

① 하프웰　② 풀 웰

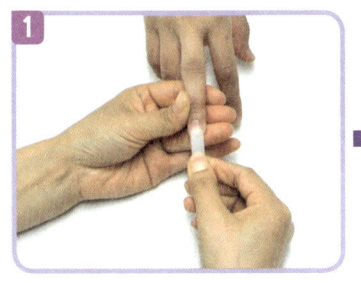 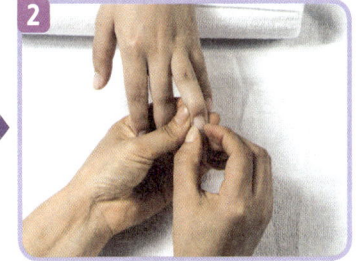

(2) 팁 턱 제거하기

자연네일과 팁이 부착된 경계선(팁 턱)의 오른쪽 측면에서 중앙으로 파일하며, 조체의 완만한 곡면과 동일한 각도를 유지하면서 왼쪽 측면 방향으로 틀면서 파일을 세로로 세워 위에서 아래로 마무리한다.

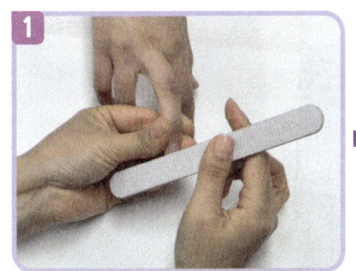 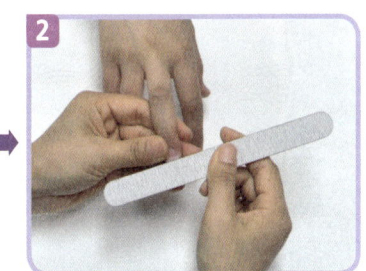 

(3) 폼 끼우기

1) 폼 끼우기

① 고객의 조체에 맞는 것을 선택한 후 조체를 45°로 기울여 폼지의 접착부분을 떼어낸 후 자유연과 하조피 사이에 공간이 생기지 않도록 끼운다.

② 폼지에 표시된 중앙선이 조체의 두번째 마디의 중앙과 일직선(11자)이 되도록 하여 처지거나 삐뚤어지지 않게 고정한다(사진 ③).

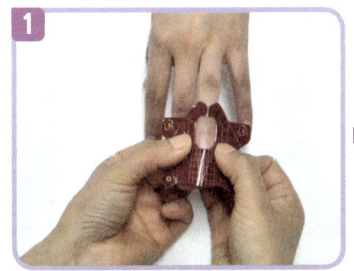 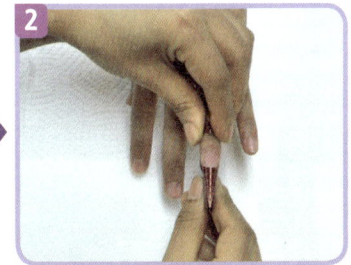 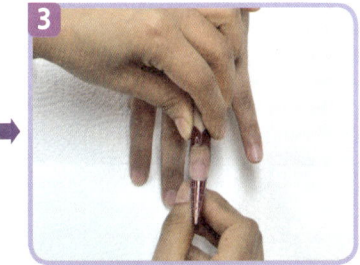

Chapter 1 | 인조네일미용 기술이론편

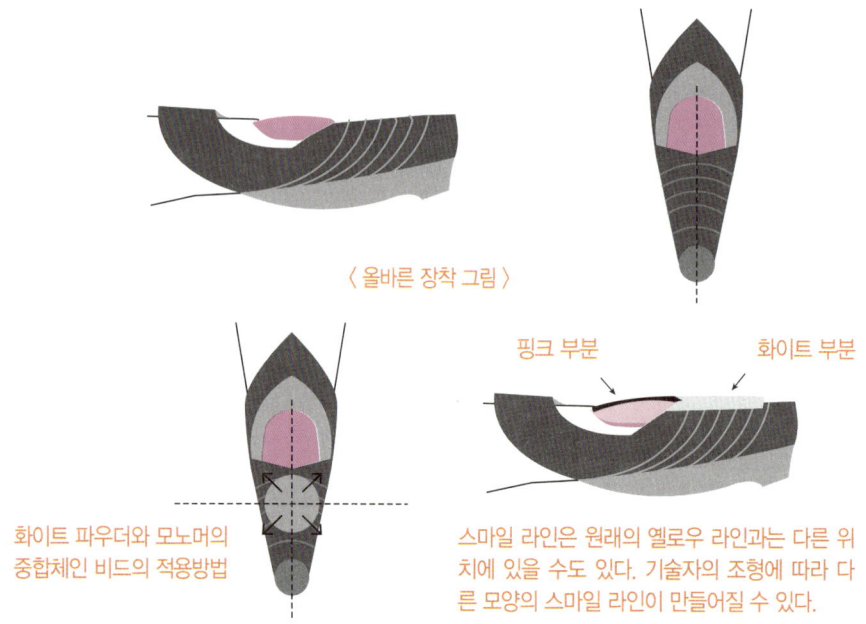

〈 올바른 장착 그림 〉

핑크 부분 화이트 부분

화이트 파우더와 모노머의 중합체인 비드의 적용방법

스마일 라인은 원래의 옐로우 라인과는 다른 위치에 있을 수도 있다. 기술자의 조형에 따라 다른 모양의 스마일 라인이 만들어질 수 있다.

(4) 아크릴 브러시 사용

붓살은 브러시 끝단(팁 또는 프라그), 브러시 중간단(벨리), 브러시 시작단(백 또는 베이스) 등 붓살의 위치에 따라 볼의 각도 또는 방향, 모양이 달라지므로 정확한 각도를 유지해야 한다.

1) 브러시 끝단

스마일 라인(사진 ①), 큐티클 라인(사진 ②), 프리에지(사진 ③) 등 섬세하고 미세한 작업에 사용된다.

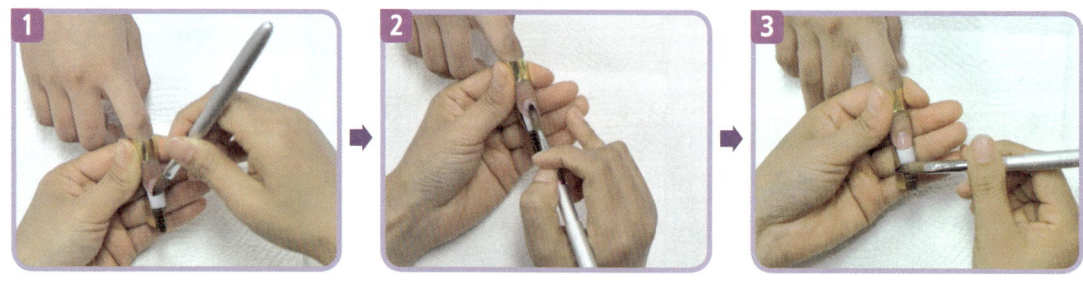

2) 브러시 중간단

얇게 펴 주거나(사진 ①) 방사선 방향으로 쓸어내려 주면서(사진 ②) 모양을 만든다(사진 ③).

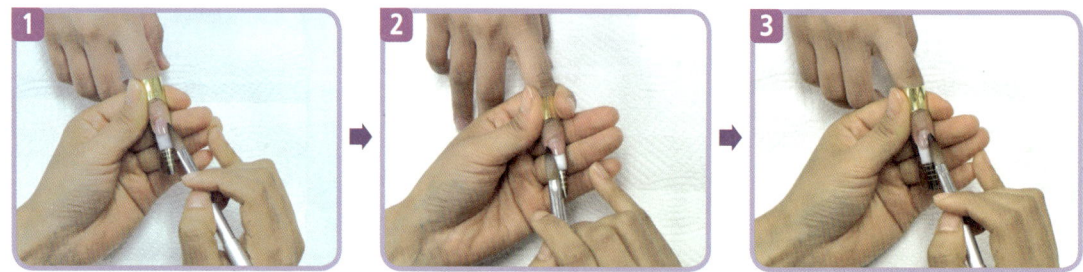

3) 브러시 시작단

힘껏 누르면서 길이를 조절할 때 사용된다(사진 ①~③).

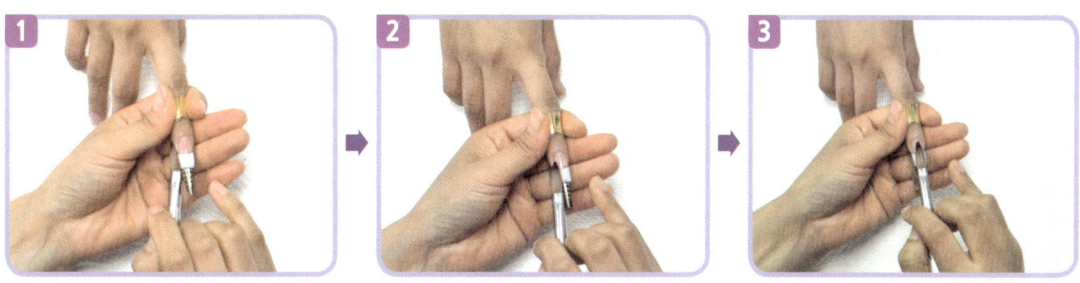

(5) 아크릴 볼

아크릴 리퀴드를 아크릴 브러시에 적신 후 아크릴 파우더(클리어 또는 핑크)에 브러시 끝단을 담갔을 때 볼이 형성된다. 즉 아크릴 볼은 붓 끝단에서 적당한 크기로 만들어진다.

1) 아크릴 볼 만들기

아크릴 파우더의 볼은 붓 끝에 진주알 크기가 될 만큼 떠 준다.

2) 아크릴 볼 얹기

① 아크릴 1볼

- 아크릴 1볼을 자연네일과 팁의 연결선인 자유연 중앙에 올려준다.
- 붓의 끝단으로 아크릴 볼을 얹고 중간단(벨리)으로 볼을 늘려서 방사선으로 펴 주면서 모양(두께와 길이)을 조정한다.

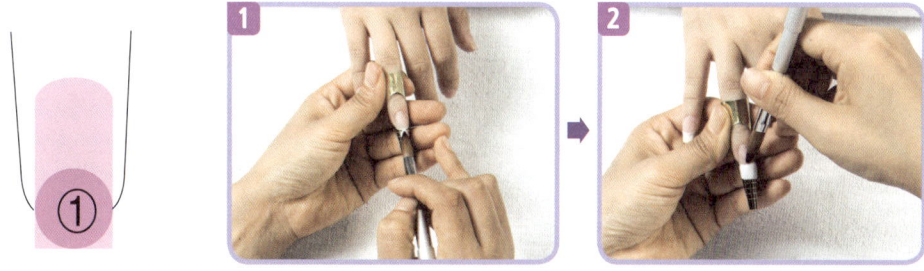

Chapter 1 | 인조네일미용 기술이론편

② 아크릴 2볼

- 2볼은 조체의 하이포인트에 얹어 양감을 준다.
- 조체판으로부터 측면(조곽)을 향해 완만한 곡선을 만든다.
- 조체판을 정리하면서 방사선으로 쓸어내리면서 프리에지와 자연스럽게 연결한다.

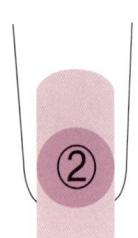  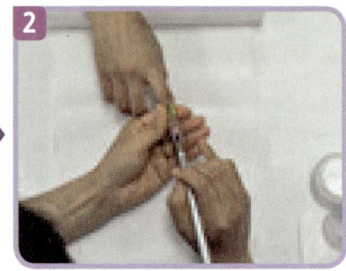

③ 아크릴 3볼

2볼보다 조금 적으면서 묽게 한 3볼은 큐티클 라인(1.5~2mm 정도 공간을 둠)에 얹은 후 가볍게 큐티클 쪽으로 밀면서 동시에 쓸어내린다.

  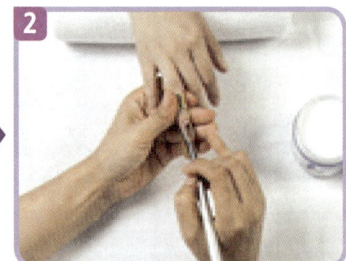

(6) 젤 볼 얹기

1) 젤 1볼(베이스 젤)

젤 브러시를 이용해 1볼은 큐티클 라인(1.5~2mm 정도 공감을 둠) 앞에 얹어 조체면에 얇게 밀착시켜 쓸어내린다.

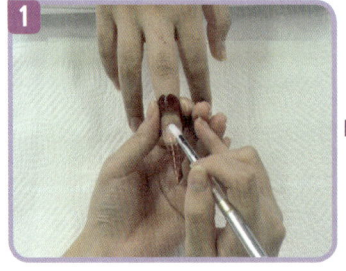 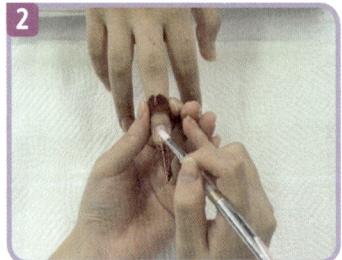

2) 젤 2볼(빌더 젤)

클리어 젤을 양 스트레스 포인트의 연결선의 중심에 얹어 하이포인트를 만들면서 큐티클 라인까지 완만한 면이 나오도록 볼을 끌면서 모양을 만든다.

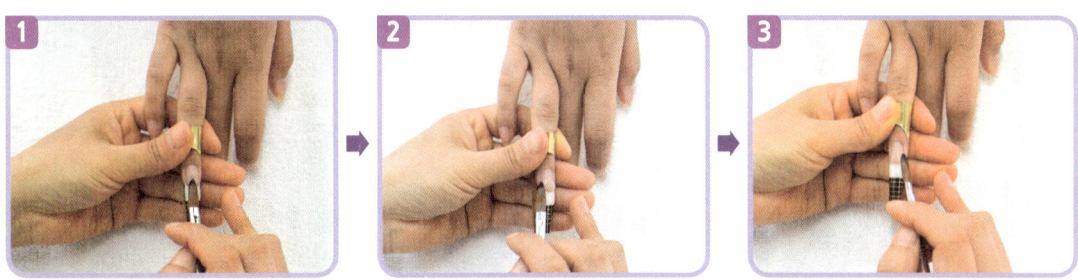

3) 젤 3볼

큐티클 라인 1.5mm 공간을 두고 볼을 얹어 큐티클 쪽으로 밀면서 조체면 전체인 자유연까지 쓸어내린다.

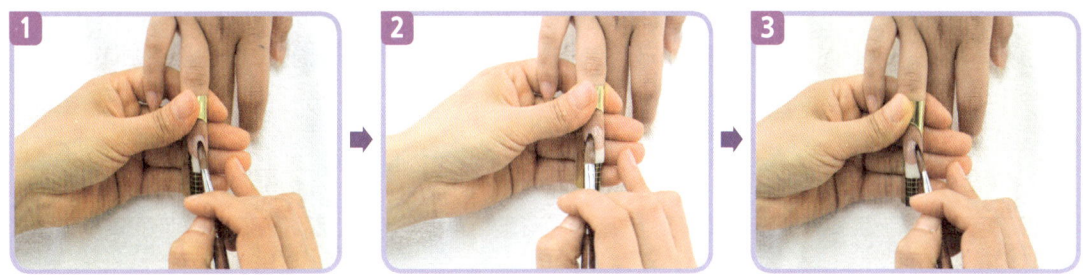

Chapter 2 내추럴 팁 위드 랩

Section 01 팁 네일 개요

1 작업목표

세부항목	작업요소
1. 팁 부착하기	1. 팁을 선택하여 접착할 수 있다. 2. 글루, 젤 글루를 이용하여 팁을 완전히 부착할 수 있다. 3. 글루 드라이를 사용하여 고정한 후 파일로 팁 턱을 제거할 수 있다.
2. 랩/아크릴 · 젤 오버레이	1. 팁을 선택하여 접착할 수 있다. 2. 팁의 길이를 자르고, 팁 턱을 제거할 수 있다. 3. 글루, 필러 파우더를 이용하여 팁 턱의 단차를 줄이고 랩을 할 수 있다. 4. 글루를 오버레이하고 글루 드라이한 후 파일로 전체를 버핑할 수 있다. 5. 젤을 오버레이하여 큐어한 후 파일로 전체를 버핑할 수 있다. 6. 아크릴을 오버레이한 후 파일로 전체를 버핑할 수 있다. 7. 큐티클에 오일을 바른 뒤 3way를 이용하여 광택을 낼 수 있다.

2 사전준비

(1) 매니큐어 테이블에 팁 붙이기 또는 팁 위드 실크에 요구되는 재료 기구(또는 도구) 등을 준비한다.

(2) 팁 붙이기 또는 팁 위드 실크 작업에 요구되는 기구 및 도구를 소독한다.

(3) 금속으로 된 도구들은 기구 소독제를 담은 소독용기에 담가놓는다.

(4) 고객의 네일 이상 유무를 확인하고 미용작업을 할 수 있는지의 여부를 결정한다.

(5) 비닐 팩을 매니큐어 테이블 오른쪽 아래에 붙여 놓는다.

Section 02 내추럴 팁 위드 랩

표준시간 40분 / 연장시간 없음 / 스퀘어 셰이프 / 오른손 3, 4지

1 도구 및 재료 준비

① 실크 ② 파일 ③ 우드파일 ④ 오렌지 우드스틱 ⑤ 샌딩블럭 ⑥ 라운드 패드
⑦ 실크가위 ⑧ 글루 드라이 ⑨ 더스트 브러시 ⑩ 내추럴 팁 ⑪ 글루 ⑫ 젤 글루
⑬ 필러 파우더 ⑭ 팁 커터 ⑮ 네일 클리퍼 ⑯ 화장솜 ⑰ 폴리시 리무버 ⑱ 손 소독제
⑲ 지혈제 ⑳ 샤이니 블럭 ㉑ 페이퍼 타올 ㉒ 큐티클 오일 ㉓ 폴리시 리무버

Chapter 2 | 내추럴 팁 위드 랩

2 네일화장물 제거

(1) 인조네일 제거하기

※ 매니큐어 컬러링 작업과정과 동일하므로 참조 바람

1) 손 소독

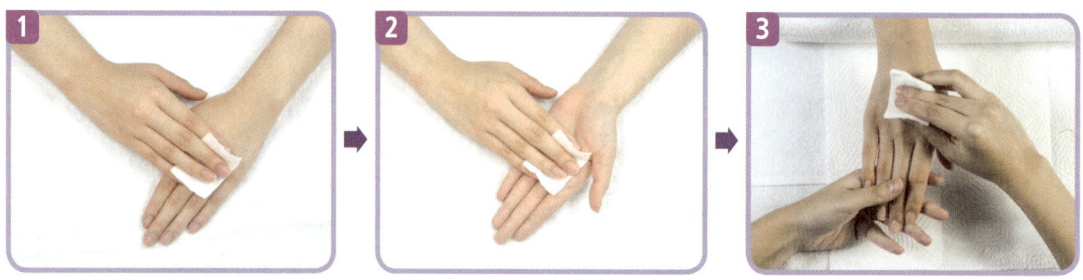

2) 폴리시 제거

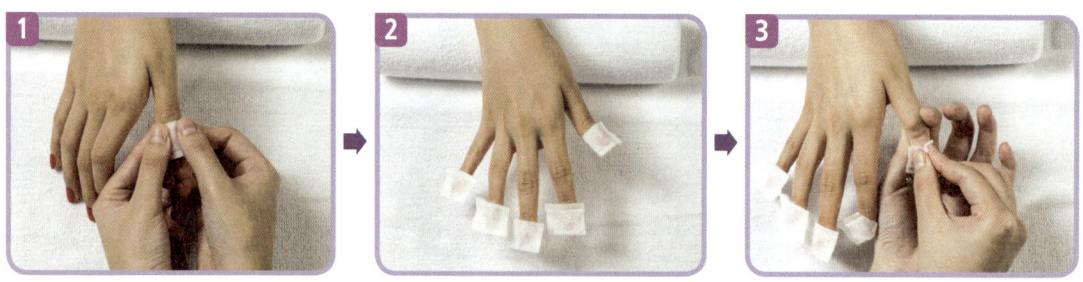

(2) 네일화장물 적용 전처리

1) 인조네일 전처리하기

리무버나 오일을 바르지 않은 자연네일 상태에서 큐티클이 긁히지 않도록 푸셔를 사용하여 밀어 올린다(유·수분이 조체에 묻어 있을 시 들뜸 현상이 생긴다).

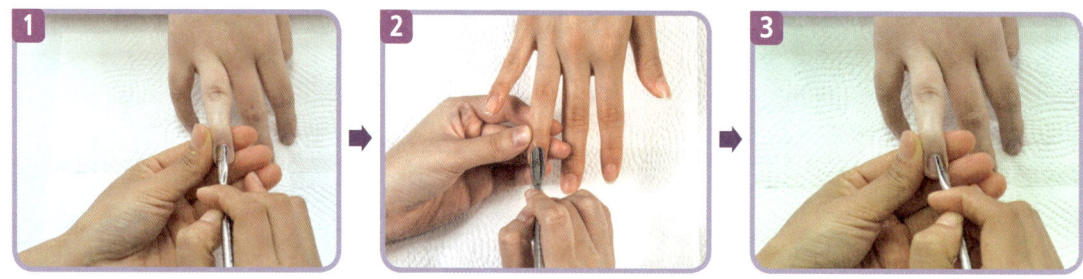

(3) 인조네일 전처리하기

자연네일의 손톱모양은 라운드형(혹은 오발형), 자유연의 길이는 옐로우 라인을 경계로 약 1mm를 남기고 네일 클리퍼로 제거한다.

 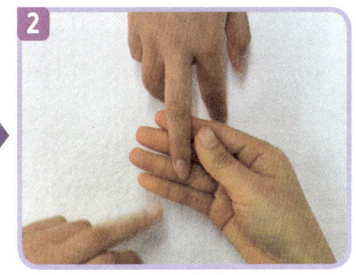

에머리보드는 조체의 오른쪽 스트레스 포인트에서 중앙으로, 왼쪽의 스트레스 포인트에서 중앙을 향해 한쪽 방향으로 파일링한다.

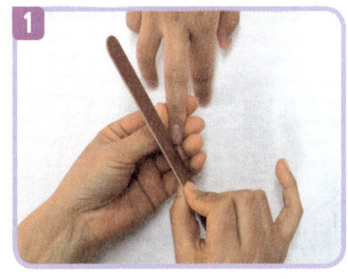 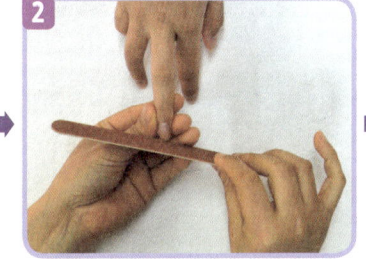 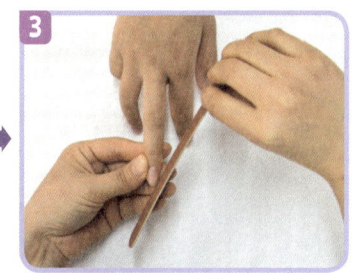

(4) 인조네일 전처리하기

1) 더스트 브러시를 이용하여 털어낸다.

2) 라운드 패드를 사용하여 네일의 자유연을 깨끗하게 정리한다.

3) 표면의 광택을 제거한다.

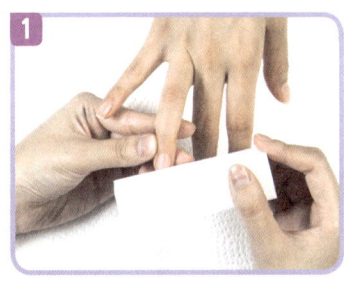 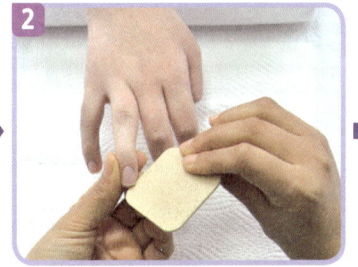 

(5) 네추럴 팁 위드 파우더

1) 조체 양쪽(스트레스 포인트)과 인조팁의 사이즈가 11자가 되는 동일한 팁을 선택한다.

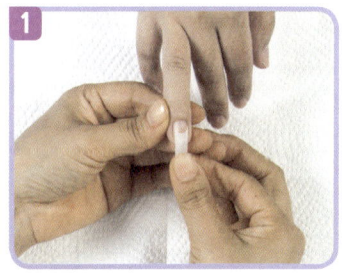

Chapter 2 | 내추럴 팁 위드 랩

2) 웰 부분에 젤 글루 또는 글루를 바르고, 조체면에 45° 각도로 하여 팁을 부착하고 조구 내 스트레스 포인트에 작업자의 모지와 인지를 이용하여 부착된 팁의 양끝을 5~10초간 살짝 눌러준다.

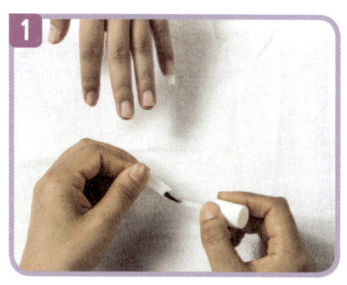 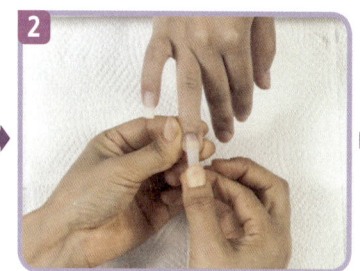 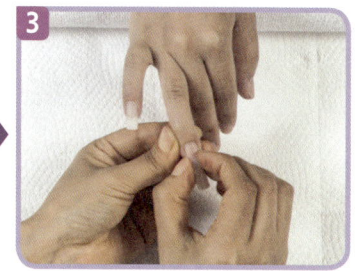

(6) 팁 위드 파우더

팁 커터기는 팁 속으로 넣어 직각이 되도록 한 후 자른다. 부착된 팁은 길이 0.5~1cm 정도로 잘라내고 스퀘어 모양으로 조형한다.

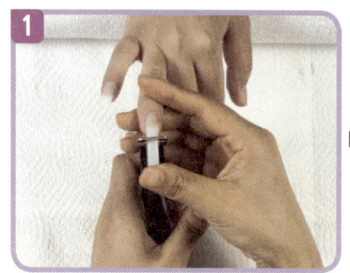 

(7) 팁 위드 파우더

자연네일에 손상이 가지 않도록 팁 길이, 측면, 팁 턱 등을 파일(100~180그릿)로 제거해야 한다.

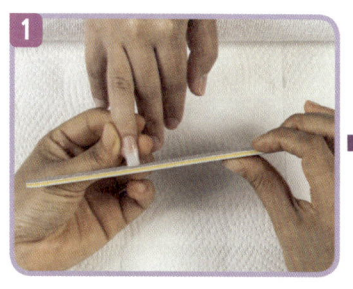  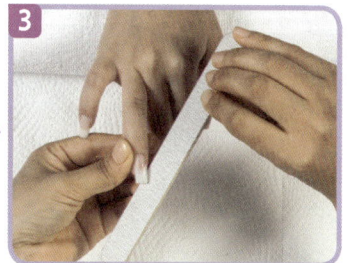

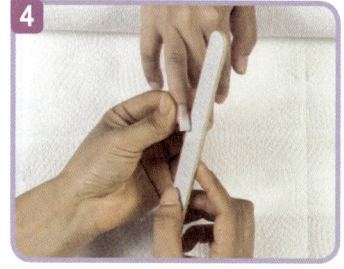 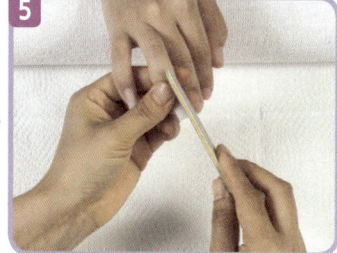

(8) 팁 위드 파우더

샌딩블럭으로 인조네일의 조체면을 매끄럽게 정리한 후 거스러미가 있을 경우 라운드 패드로 제거하고, 더스트 브러시로 조체 잔해물을 털어낸다.

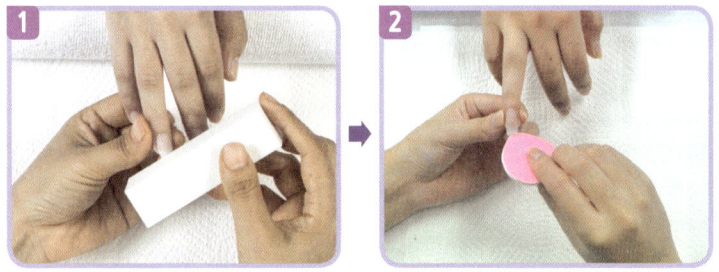

(9) 팁 위드 파우더

1) 인조네일의 조체면에 글루를 바른다.

2) 필러 파우더를 뿌려(굴곡된 면에 따라 1~2회) 하이포인트를 만들어준다.

3) 하이포인트 위에 글루를 메꾼다.

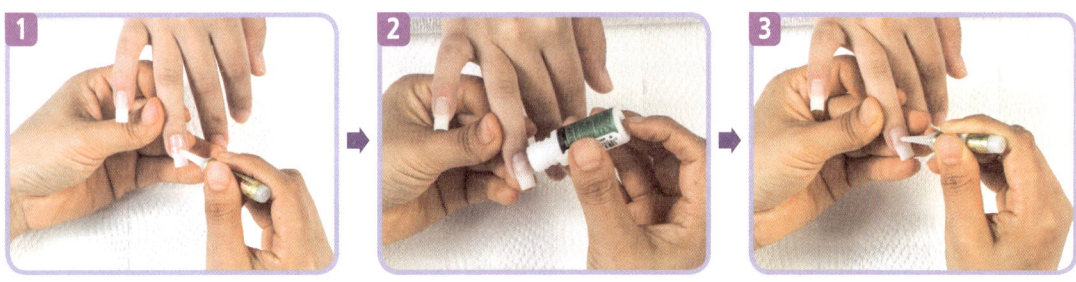

(10) 팁 위드 파우더

글루 드라이어 분사 후 글루가 건조되면 파일로 조체면을 고르게 파일링한다.

Chapter 2 | 내추럴 팁 위드 랩

(11) 샌딩하기

샌딩블럭으로 조체면과 조체 측면을 버핑할 때 부드럽게 한다.

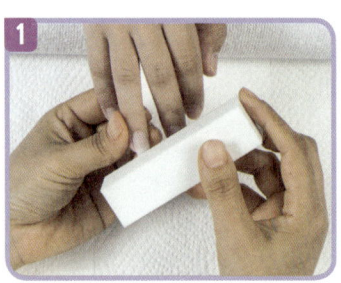

(12) 실크 재단 및 부착하기

1) 큐티클에 붙여질 실크의 모서리는 약간 둥글게 자른 후, 스트레스 포인트에서 자유연으로 이어지는 모양은 사다리꼴로 자른다.

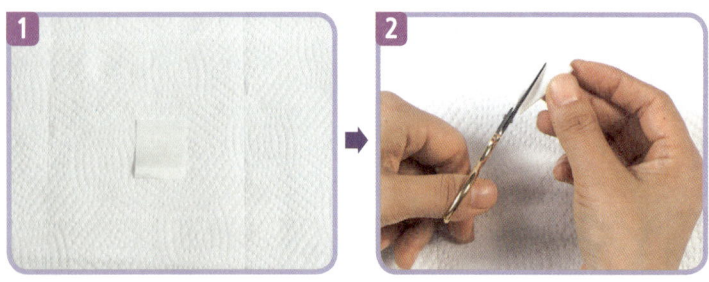

2) 조체의 조곽 양모서리 부분에 잘 맞춰 들뜸 현상이 없게 부착한 후 조체모양과 잘 어울리도록 자른다.

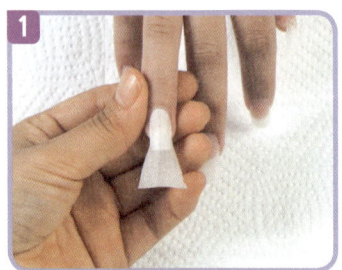

(13) 글루 바르기

조체면에 글루를 바른다. 실크가 접착이 잘 되도록 우측을 당겨준 후 좌측과 가운데를 가볍게 아래로 당겨준다.

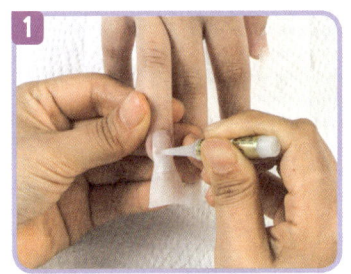

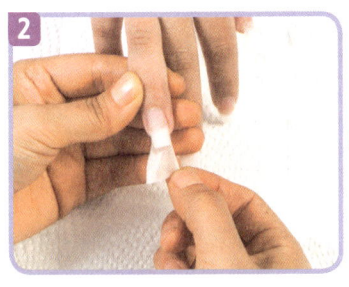 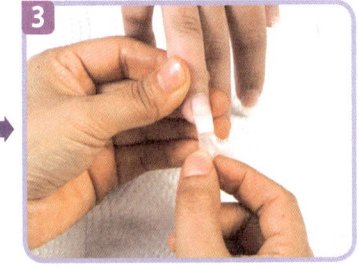 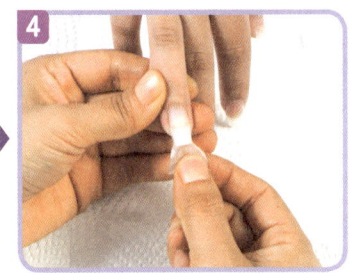

(14) 인조네일 다듬기 및 랩 턱 제거하기

파일을 이용하여 길이(자유연)(사진 ①), 모양(사진 ②~④), 조체면의 큐티클(사진 ⑤, ⑥) 등을 파일로 다듬어 준다.

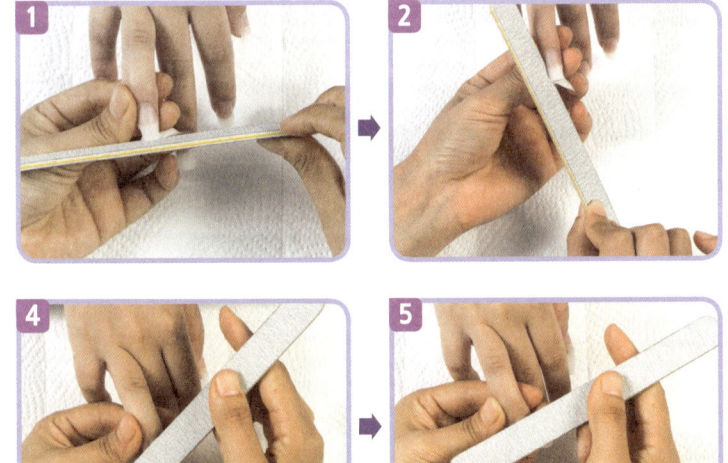
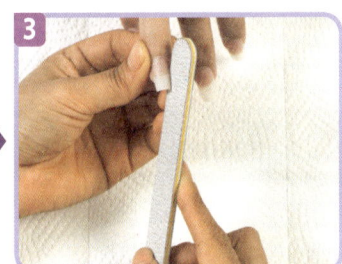

Chapter 2 | 내추럴 팁 위드 랩

(15) 팁 위드 파우더

샌딩블럭으로 부드럽게 버핑한 후 브러시로 털어낸다.

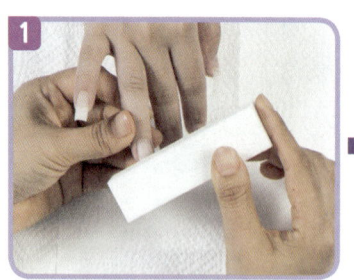

(16) 팁 위드 파우더

조체면에 글루 또는 젤 글루를 선택(글루 2회, 글루 + 젤 글루)하여 바른 후 글루 드라이를 한다.

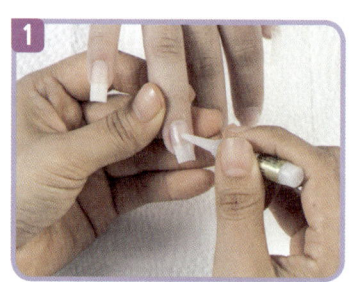
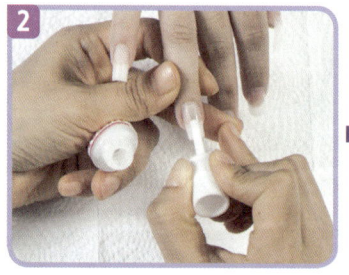
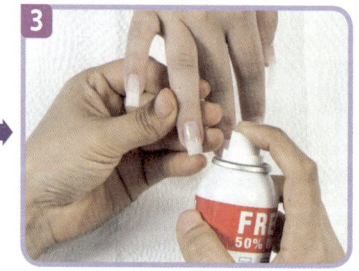

(17) 샌딩하기

1) 샌딩블럭으로 부드럽게 버핑한다.

2) 더스트 브러시로 털어낸다.

3) 이물질이 있을 경우 라운드 패드를 사용하여 제거한다.

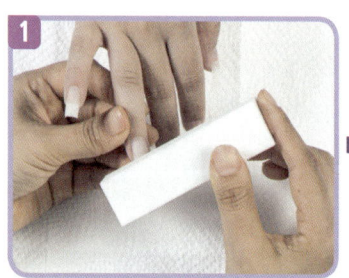
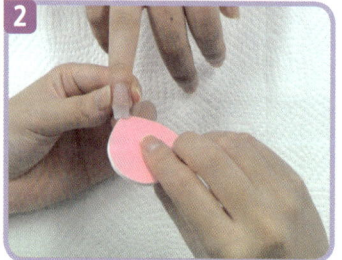

3 네일화장물 적용 마무리

(1) 인조네일 마무리하기

파일 또는 샌딩에 의해 거칠어진 큐티클에 오일을 바른 후 작업자의 모지, 인지를 이용하여 문질러준다.

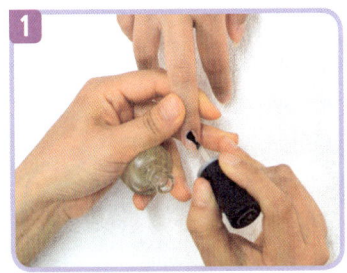

※ 내추럴 팁 위드 랩 밑에 내추럴 팁 파우더 (1)~(11)까지 동일한 과정으로 수행한다.

(2) 큐티클 밀기

오렌지 우드스틱으로 큐티클을 밀어올리고, 거스러미나 글루가 묻었을 경우 니퍼로 제거한다.

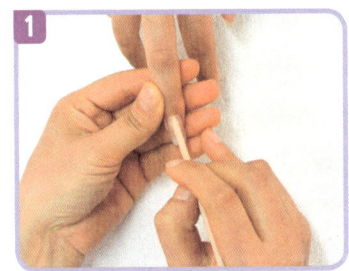

(3) 광택내기

2way 또는 3way를 사용하여 광택을 낸다.

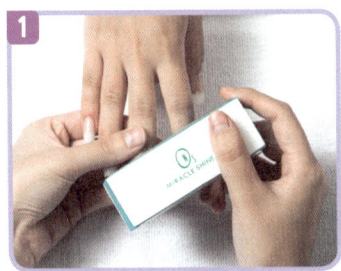

Chapter 2 | 내추럴 팁 위드 랩

(4) 완성된 팁 위드 랩

팁 위드 랩 완성사진

※ 실제 검정 시험에서는 오른손 3, 4지 손톱에만 실시한다.
※ 팁 위드 파우더는 111p(5)~116p(17) 까지 참조 바람

정리하기

「팁 위드 랩」

손 소독하기(작업자 + 고객) → 폴리시 제거하기 → 큐티클 밀어 올리기 → 손톱길이 및 모양다듬기 → 유분기 제거하기 → 팁 선택 및 부착하기 → 팁 길이 결정 → 팁 턱 제거 → 글루 바르기 및 필러 파우더 보완하기 → 글루 드라이 분사 후 손톱면 다듬기 → 실크 재단하기 → 부착하기 → 글루 바르기 및 글루 드라이 분사하기 → 손톱모양다듬기 및 턱 갈기 → 샌딩하기 → 글루 바르기 및 글루 드라이하기 → 샌딩하기 → 큐티클 밀기

Chapter 3 젤 원톤 스컬프처

Section 01 스컬프처 네일 개요

프리에지를 인위적으로 연장시키기 위해 덧 댄 종이 폼 위에 내추럴계의 아크릴·젤 볼을 사용하여 자연네일과 인조네일 간의 경계선을 자연스럽게 연장한 후 보강한다.

1 작업목표

세부항목	작업요소
3. 아크릴·젤 원톤 (내추럴 스컬프처하기)	1. 고객의 손에 폼이 처지지 않도록 폼을 끼울 수 있다. 2. 프리에지 부분에 핑크·클리어 및 내추럴 파우더를 올릴 수 있다. 3. C-커브를 위해 자연네일과 같이 핀치를 주어 모양을 유지할 수 있다. 4. 아크릴 또는 젤이 완전히 건조된 후에 프리에지부터 폼을 떼어낼 수 있다. 5. 파일을 이용하여 표면을 버핑하고 모양을 잡아줄 수 있다. 6. 큐티클에 오일을 바른 뒤 3way를 이용하여 광택을 낼 수 있다.
4. 아크릴·젤 투톤 (프렌치 스컬프처하기)	1. 고객의 손에 폼이 처지지 않도록 유지하면서 폼을 끼울 수 있다. 2. 화이트 파우더 또는 화이트 젤을 이용하여 프리에지 부분을 연장할 수 있다. 3. 선명한 스마일 라인으로 만들 수 있다. 4. 클리어 및 핑크 파우더 또는 클리어 젤 등을 이용하여 오버레이할 수 있다. 5. 핀치를 준 뒤, 완전히 건조된 후 폼을 제거할 수 있다. 6. 파일을 이용하여 표면을 버핑하고 모양을 잡아줄 수 있다. 7. 큐티클에 오일을 바른 뒤 3way를 이용하여 광택을 낼 수 있다.

2 사전준비

(1) 매니큐어 테이블에 타월을 깔고 페이퍼 타월을 덮는다.

(2) 아크릴·젤 네일에 요구되는 재료, 도구 등을 준비한다.

(3) 스컬프처 네일 작업에 요구되는 재료 및 도구를 소독한다.

(4) 금속으로 된 도구들은 소독액을 넣은 소독용기에 담가놓는다.

(5) 고객의 네일 이상 유무를 확인하고 미용작업을 할 수 있는지의 여부를 결정한다.

(6) 비닐 팩을 매니큐어 테이블 오른쪽 아래에 붙여 놓는다.

Chapter 3 | 젤 원톤 스컬프처

Section 02 젤 원톤 스컬프처

표준시간 40분 / 연장시간 없음 / 스퀘어 셰이프 / 오른손 3, 4지

1 도구 및 재료

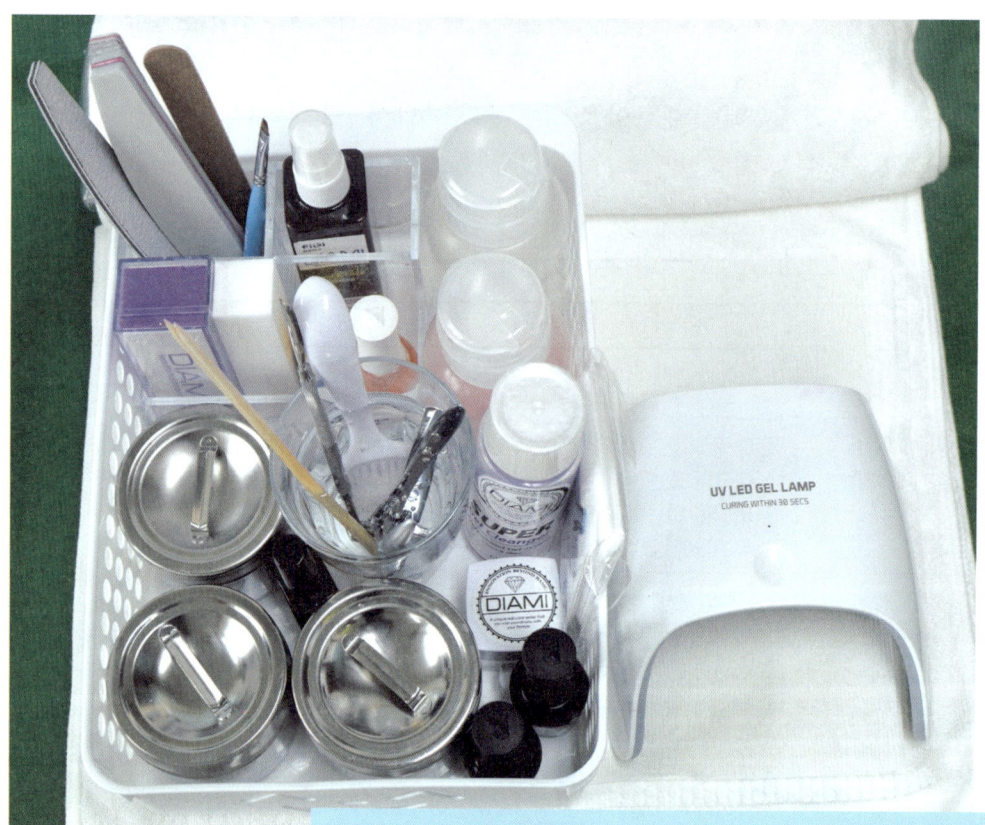

① 아크릴 폼 ② 폴리시 리무버 ③ 젤 크리너 ④ UV 램프 or LED 램프 ⑤ 화장솜
⑥ 더스트 브러시 ⑦ 팁 커터기 ⑧ 파일 ⑨ 젤 브러시 ⑩ 베이스 젤 ⑪ 탑 젤
⑫ 젤 본더, 빌드(핑크, 클리어)젤 ⑬ 샌딩블럭 ⑭ 큐티클 오일 ⑮ 오렌지 우드스틱
⑯ 큐티클 니퍼 ⑰ 라운드 패드 ⑱ 네일 클리퍼 ⑲ 큐티클 푸셔 ⑳ 손 소독제
㉑ 글루 ㉒ 젤 글루

2 젤 원톤 스컬프처 실제

※ 1교시 매니큐어 과제에 출제된 컬러링의 오른손 1~5지 손톱의 컬러링을 지우고 3, 4지 손톱에만 인조네일을 적용한다.

(1) 1차 프리퍼레이션(손톱손질)

1) 손을 소독하고 폴리시를 지운다.

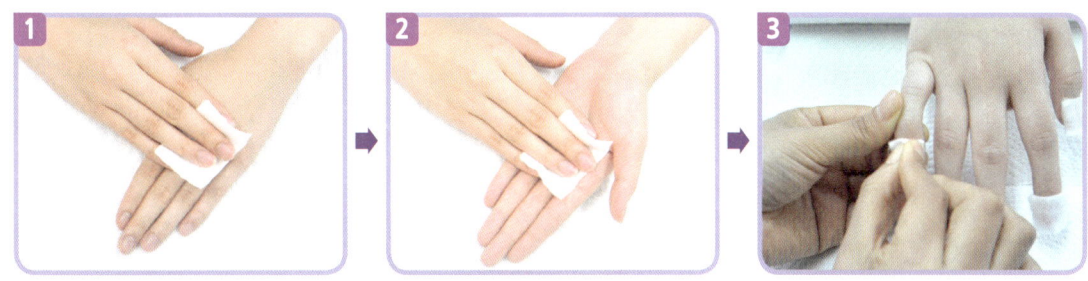

2) 조체길이를 다듬은 후(프리에지 1mm 이하) 모양을 라운드형으로 다듬는다.

3) 자연손톱의 표면을 정리하고 유분기를 제거한다.

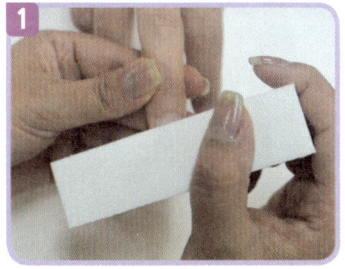

4) 거스러미가 있을 경우 라운드 패드를 사용하여 네일의 자유연을 깨끗하게 정리한다.

Chapter 3 | 젤 원톤 스컬프처

5) 더스트 브러시로 잔해를 털어낸다.

(2) 폼 끼우기

투명 폼을 고객의 프리에지 양 측면(스트레스 포인트) 밑 하조연에 공간이 생기지 않도록 끼운 후 고정시킨다(폼 부착 시 컨벡스와 컨케이브의 중심을 맞추어 네일 폼을 접착한다).

 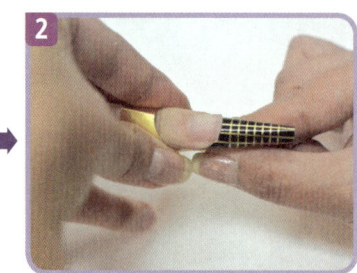

(3) 젤 본더 바르기 및 건조하기

자연네일 면에 젤의 접착을 높이기 위해 얇게 소량 도포한 후 젤 램프에 30초간 건조한다.

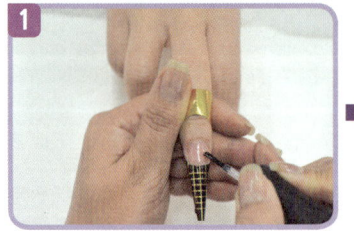 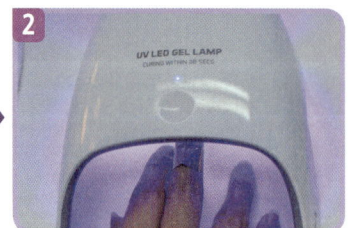

(4) 베이스 젤(1볼) 바르기 및 건조하기

1) 소량의 1볼을 자연네일(큐티클 라인 1.5~2mm 공간을 둠) 전체에 고루 끌면서 도포한다(사진 ①, ②).

2) 30초간 건조한다(사진 ③).

※ 제품과 램프기기에 따른 시간을 준수한다.

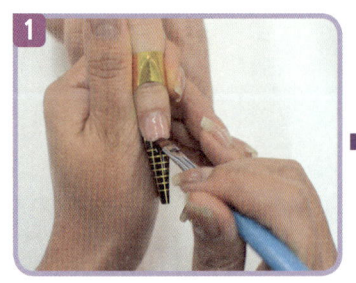  

(5) 클리어 젤(2볼) 바르기 및 건조하기

1) 클리어 젤로 프리에지 두께와 길이를 조형한다(0.5~1cm 정도).
2) 스트레스 포인트를 중심으로 하이포인트를 만든다.
3) 1~2분간 건조한다.

(6) 핑크 젤(3볼) 바르기 및 건조하기

1) 큐티클 라인(1.5mm 공간을 둠)에 볼을 얹어 후 조체면을 만든 후 프리에지까지 밀면서 쓸어내린다.
2) 1분간 건조한다(큐티클에 닿아 젤 볼이 들뜨지 않도록 밀면서 쓸어내린다).

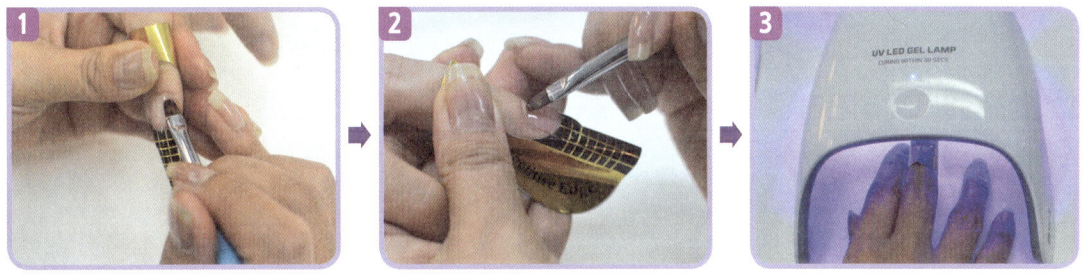

(7) 핀치 주기

인조네일 양쪽 측면에서 프리에지까지 곧은 직선이 되도록 작업자의 양 모지를 이용하여 20~40%의 C-커브를 넣는다.

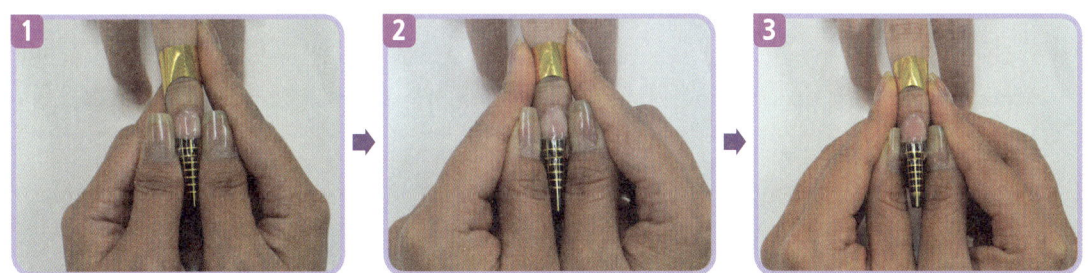

Chapter 3 | 젤 원톤 스컬프처

(8) 폼 제거하기

사진 ① → ② → ③ 순으로 핀치가 끝나고 젤 네일이 건조된 후에 조체 아래로 당겨서 폼을 떼어낸다.

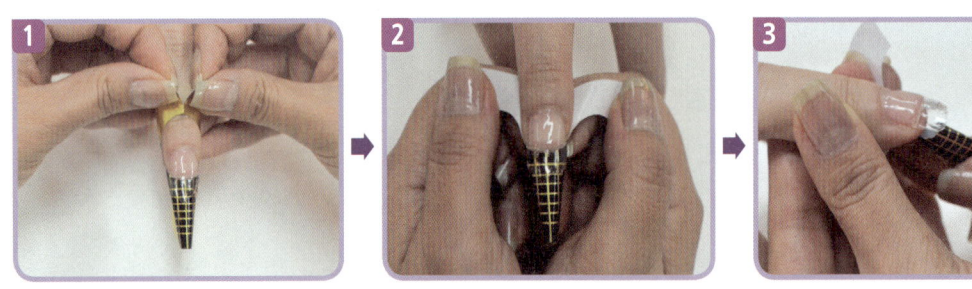

(9) 미경화 젤 닦기

사진 ① → ② → ③ 순으로 젤 클리너를 페이퍼 또는 거즈에 묻혀 조체면을 닦아준다.

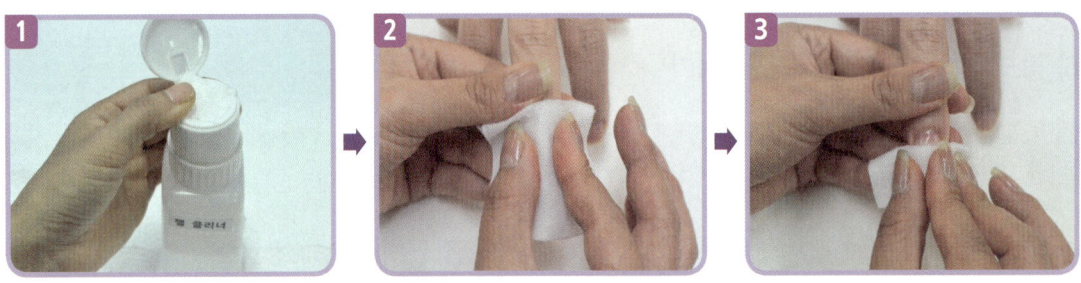

(10) 인조네일 모양다듬기

파일의 거칠기를 이용하여 정면과 측면, 프리에지의 두께를 고르게 파일링한다.

(11) 샌딩하기

샌딩블럭으로 표면과 측면을 매끄럽게 버핑한다(거스러미가 있을 경우 라운드 패드를 이용하여 제거한다).

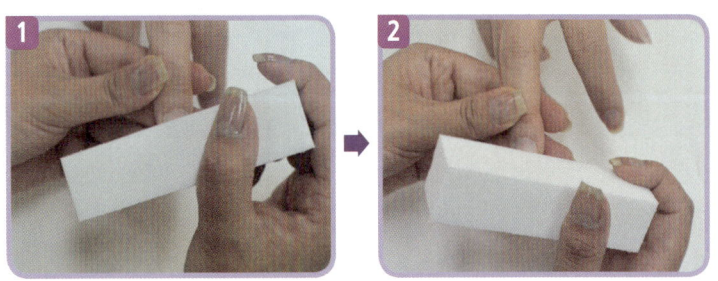

(12) 탑 젤 바르기 및 건조하기

탑 젤을 얇고 고르게 바른 후 1분간 건조한다.

 인조네일 면을 깨끗하게 정리한 후 탑 젤을 얇게 펴 발라 광택과 지속력을 높여준다.

(13) 미경화 젤 닦기

사진 ① → ② → ③ 순으로 젤 클리너로 표면을 닦아준다.

 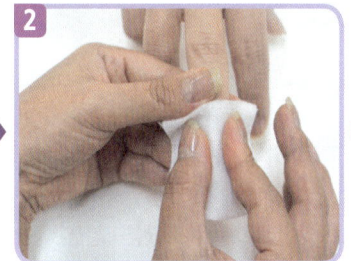 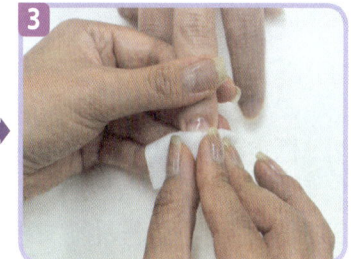

(14) 큐티클 오일 바르기 및 밀기

1) 큐티클 오일을 바른다.

2) 오렌지 우드스틱으로 조심스럽게 밀어준다.

3) 거스러미가 있을 경우 니퍼로 제거한다.

 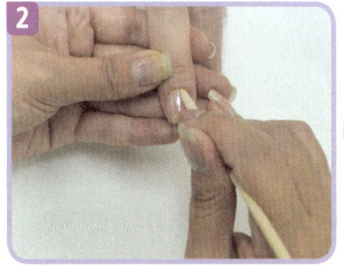 

Chapter 3 | 젤 원톤 스컬프처

(15) 완성사진

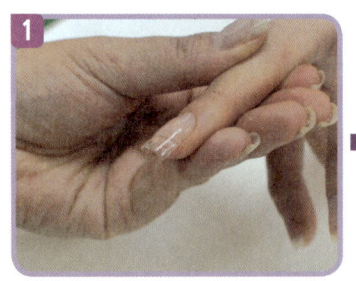 →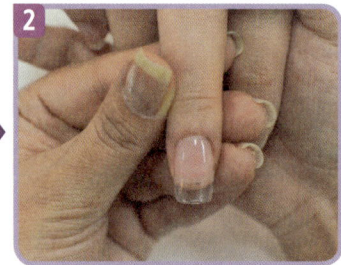

> **보충설명**
> 젤 네일 시 건조(큐어)에 소요되는 시간은 젤 제품과 램프기기의 제조회사에서 지시하는 요구사항을 준수해야 한다.

3 사후처리

(1) 사용된 제품의 용기 뚜껑을 잘 닦은 후 닫아준다.

(2) 사용한 재료 및 도구들은 소독처리하며 주변을 정리한다.

(3) 제품은 밀폐된 용기에 보관하고 어둡고 열이 없는 신선한 곳에 보관한다.

(4) 덜어서 사용하고 남은 제품은 개수대에 흘려보내지 않고 페이퍼 타월이나 휴지에 흡수시킨 후 디펜디쉬를 세척해 둔다.

(5) 다음 고객을 위하여 사용된 도구들은 20분 이상 살균·소독한다.

(6) 사용된 소모품 및 오물들은 비닐팩에 넣어 폐기 처리한다.

> **정리하기**
>
> **[젤 원톤 스컬프처]**
> 프리퍼레이션 → 탑 젤 바르기 → 폼 끼우기 → 젤 볼 올리기 → 핀치 주기 → 폼 제거하기 → 조체모양다듬기(파일 및 샌딩하기) → 큐티클 오일 바르기 → 유분기 닦아주기 → 마무리하기

Chapter 4 아크릴 프렌치 스컬프처

Section 01 아크릴 프렌치 스컬프처

표준시간 40분 / 연장시간 없음 / 스퀘어 셰이프 / 오른손 3, 4지

1 도구 및 재료 준비

① 아크릴 폼 ② 아크릴 리퀴드 ③ 브러시 클리너 ④ 디펜디쉬 ⑤ 프라이머
⑥ 아크릴 파우더(핑크, 내추럴, 화이트) ⑦ 파일, 우드파일 ⑧ 오렌지 우드스틱
⑨ 샤이니 블록 ⑩ 샌딩블럭 ⑪ 손 소독제 ⑫ 큐티클 니퍼 ⑬ 아크릴 브러시
⑭ 더스트 브러시 ⑮ 폴리시 리무버 ⑯ 큐티클 니퍼 ⑰ 푸셔 ⑱ 네일 클리퍼
⑲ 멸균 거즈 ⑳ 알코올 ㉑ 보안경 ㉒ 지혈제

Chapter 4 | 프렌치 스컬프쳐

2 아크릴 프렌치 스컬프쳐의 실제

(1) 1차 프리퍼레이션

1) 손을 소독하고 폴리시를 지운다.

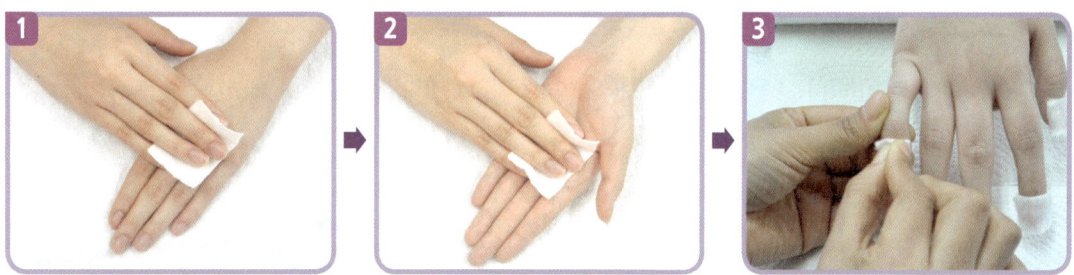

2) 조체의 길이를 정리한 후 유분기를 제거한다.

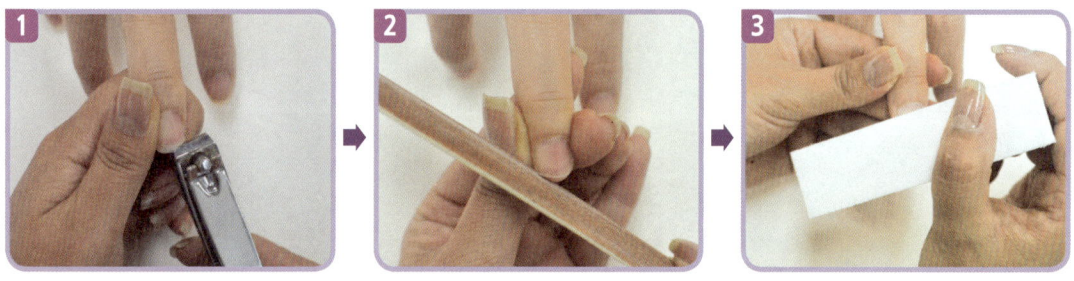

3) 조체 잔해 및 이물질을 제거한다.

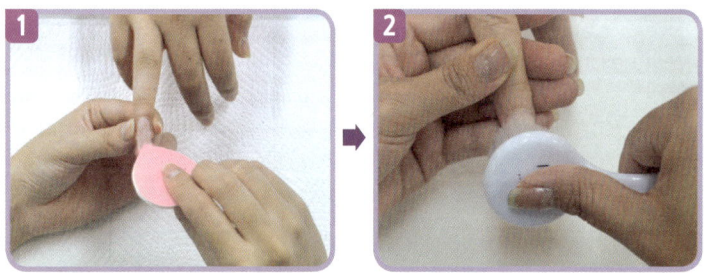

(2) 2차 프리퍼레이션

1) 프라이머 바르기

    자연네일에 아크릴의 접착력을 높이기 위하여 사진 ① → ② → ③ 순으로 프라이머를 도포한다.

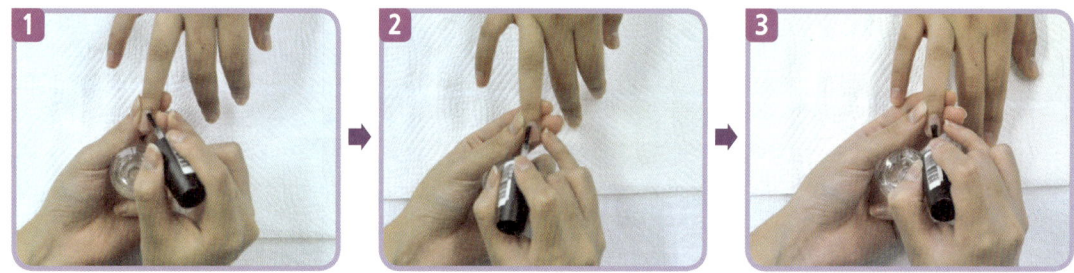

2) 폼 끼우기

폼을 45°로 하여 고객의 프리에지 밑에 끼워 넣은 후 공간이 생기지 않도록 고정시킨다.

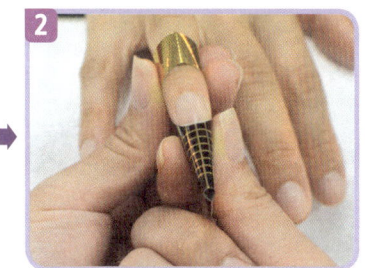
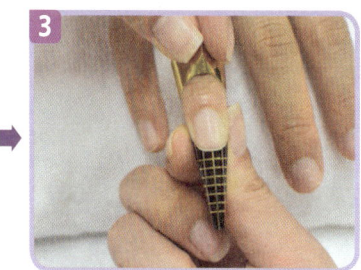

(3) 아크릴 볼 올리기

1) 화이트 1볼(스마일 라인 만들기)

① 프리에지 위에 1볼을 올리고 연장할 길이만큼 눌러서 두께와 길이를 조정한 후 양 사이드를 일직선으로 맞춰준다. 중앙에 곡선(프렌치)을 만든다(사진 ①, ②).

② 작은 볼을 떠서 양 사이드에 올리고 사이드 코너 부위에 프렌치 라인을(사진 ③, ④) 만든다.

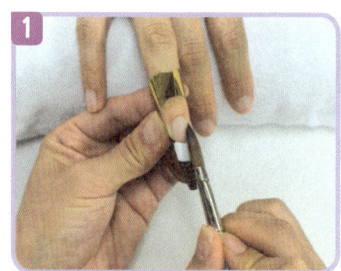

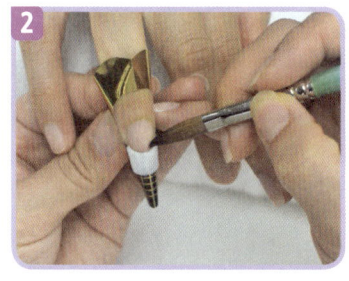
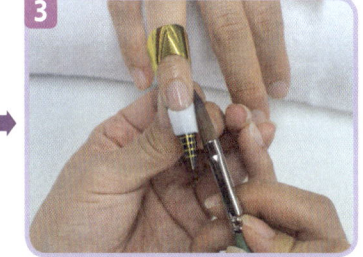
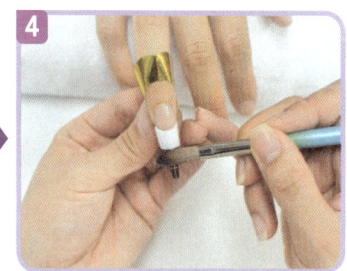

2) 핑크 2볼(조체 중앙과 프리에지 사이)

사진 ① → ② → ③ 순으로 자연네일의 색이 건강하지 않을 경우 핑크 파우더를 이용해서 하이포인트를 만들면서 자연네일 부분을 얇게(로우 포인트) 메운다.

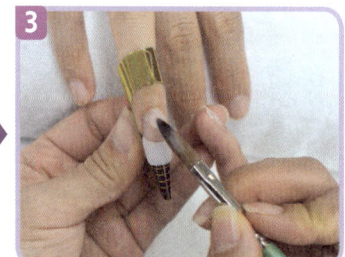

3) 3볼 얹기(인조네일표면전체)

① → ② → ③ 순으로 같이 큐티클 라인(1.5~2mm 정도 공간을 둠) 밖으로 아크릴 3볼을 올린다. 가볍게 밀면서 동시에 쓸어내린다.

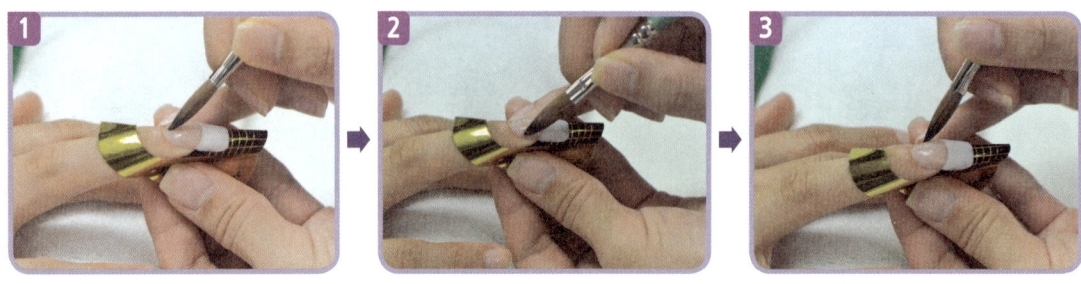

(4) 핀치 주기

C-커브 만들기로서 스트레스 포인트 부분과 프리에지 부분에 핀칭한다(손톱의 폭을 조절해 주고 C-커브를 형성시킨다(C-커브는 20~40% 비율로 한다).

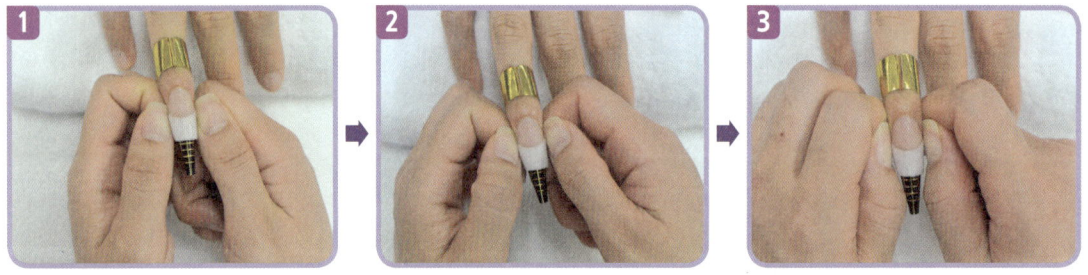

(5) 폼 떼어내기

아크릴 네일이 건조된 것을 확인한 후 종이 폼을 떼어낸다.

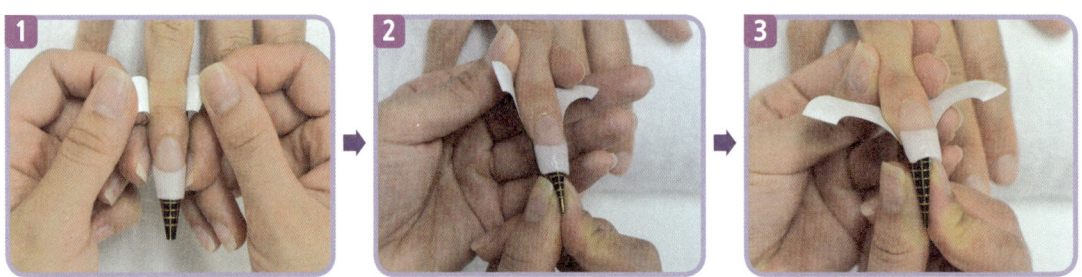

(6) 파일링 및 샌딩하기

1) 단면 및 모양, 인조네일면 등을 파일한다.

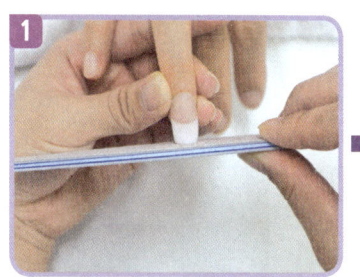 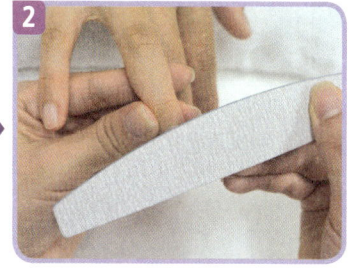 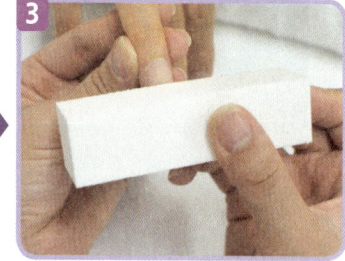

2) 샌딩한 후 더스트 브러시로 털어낸다.

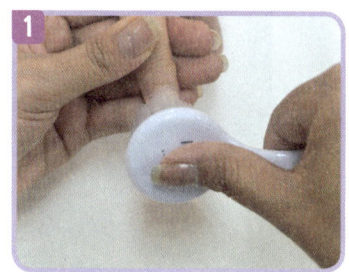

(7) 큐티클 오일 광택내기

1) 큐티클에 오일을 바른다.
2) 오렌지 우드스틱으로 조심스럽게 밀어준다.
3) 3way를 이용하여 광택을 낸다.

 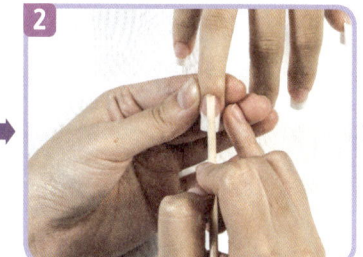 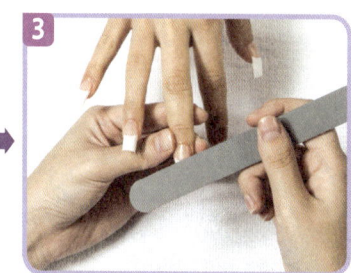

Chapter 4 | 프렌치 스컬프처

(8) 완성하기

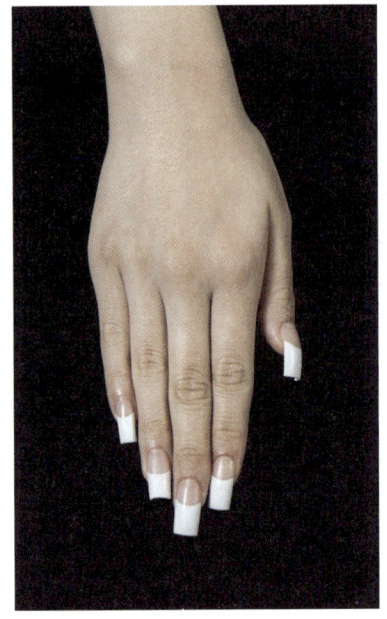 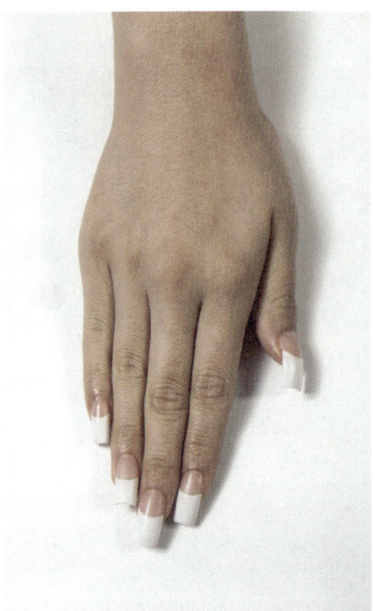 

※ 실제 시험에서는 오른손 3, 4지만 작업한다.

정리하기

[프렌치 스컬프처]

프리퍼레이션 → 폼 끼우기 → 프라이머 바르기 → 네일 폼 끼우기 → 화이트 아크릴 볼 얹기(스마일 라인 만들기) → 핑크 또는 클리어 아크릴 볼 올리기 → 핀치 주기 → 폼 제거하기 → 조체모양다듬기(파일 및 샌딩하기) → 큐티클 오일 및 광택내기 → 유분기 닦아주기 → 마무리

Chapter 5

네일랩 익스텐션

Section 01 네일랩 익스텐션

표준시간 40분 / 연장시간 없음 / 스퀘어 셰이프 / 오른손 3, 4지

1 도구 및 재료 준비

① 보안경 ② 폴리시 리무버 ③ 화장솜 ④ 더스트 브러시 ⑤ 파일 ⑥ 실크 ⑦ 글루, 젤 글루
⑧ 샌딩블럭 ⑨ 샤이니 블럭 ⑩ 손 소독제 ⑪ 큐티클 푸셔 ⑫ 큐티클 니퍼 ⑬ 네일 클리퍼
⑭ 멸균 거즈 ⑮ 알코올 ⑯ 실크 가위 ⑰ 큐티클 오일 ⑱ 오렌지 우드스틱 ⑲ 글루 드라이어
⑳ 필러 파우더 ㉑ 지혈제

Chapter 5 | 네일랩 익스텐션

2 네일랩 익스텐션의 실제

(1) 손 소독 및 폴리시 제거하기

1) 손을 소독하고 폴리시를 지운다.

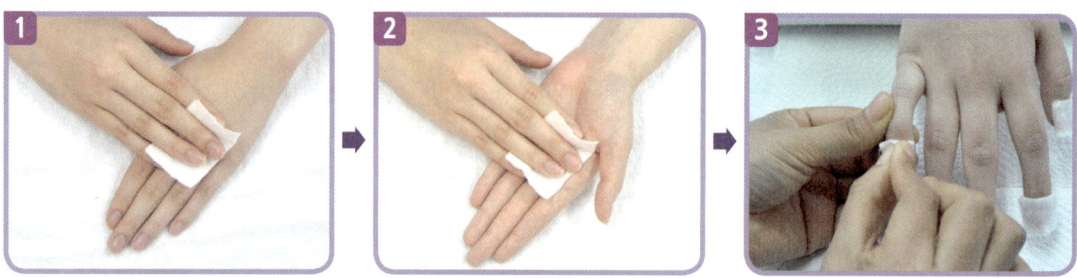

2) 큐티클 밀기 & 조체길이 및 모양다듬기

① 손톱모양은 라운드형으로 하며, 자유연의 길이는 옐로우 라인을 경계로 약 1mm를 남기고 네일 클리퍼로 제거한다.

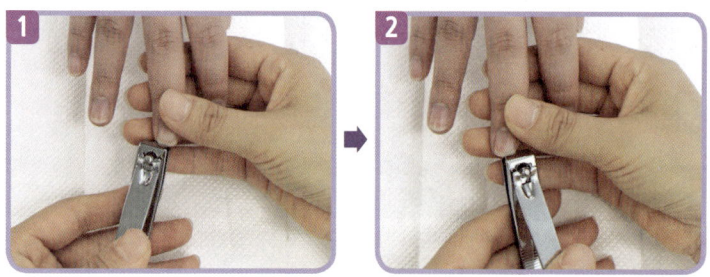

3) 조체 잔해 및 이물질을 제거한다.

① 손톱을 라운드로 파일링한다.

② 표면의 광택을 제거한다.

③ 더스트 브러시를 이용하여 털어낸다.

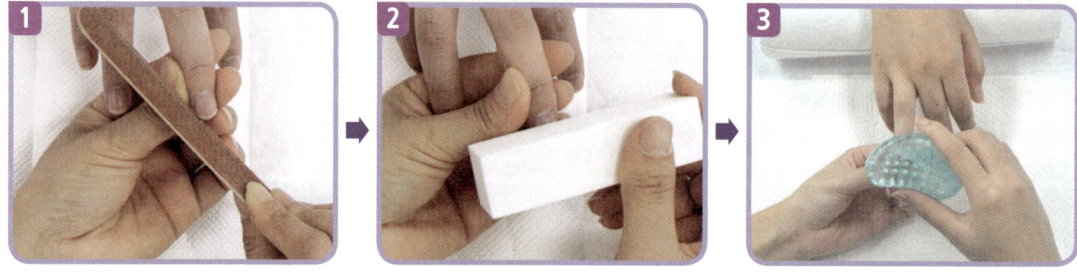

(2) 랩 재단하기 및 재단한 랩 부착하기

1) 랩 재단하기

손톱에 붙이기 편하도록 랩 모서리를 약간 둥글게 사다리꼴 모양으로 자른다.

2) 재단한 랩 부착하기

랩을 손톱 모서리 부분에 잘 맞춰 부착한다. 랩이 늘어나면 모양이 변형되기 때문에 당기지 말고 큐티클 라인 아래에 1.5mm를 남기고 접착한다.

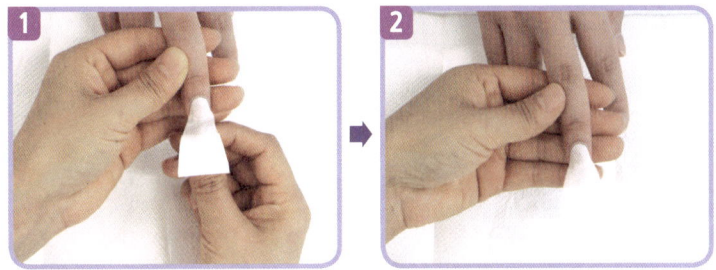

(3) 글루 바르기

1) 자연네일 부분에만 글루를 도포하고 C-커브를 잡아준다(사진 ①, ②).

2) 다시 한 번 자연네일과 손톱을 연장할 부분만큼 글루를 도포하고 C-커브를 잡아준다(사진 ③).

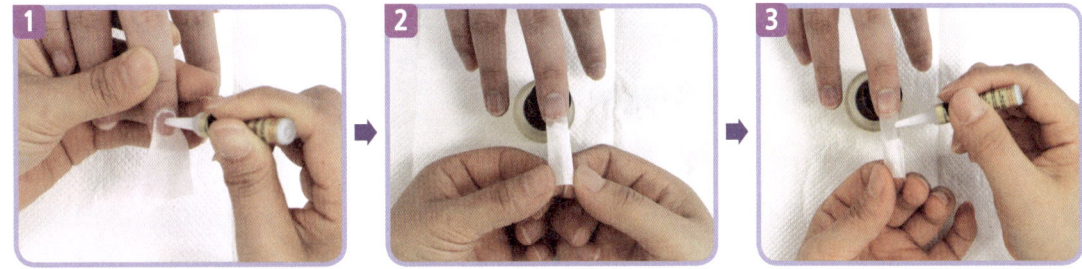

Chapter 5 | 네일랩 익스텐션

(4) 글루 및 필러 파우더 뿌리기

1) 인조네일의 조체면에 글루를 바른다.

2) 필러 파우더를 뿌려(굴곡된 면에 따라 1~2회) 하이포인트를 만든다.

3) 하이포인트 위에 글루를 메운다.

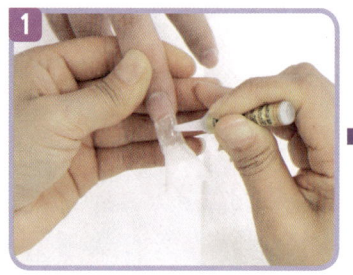 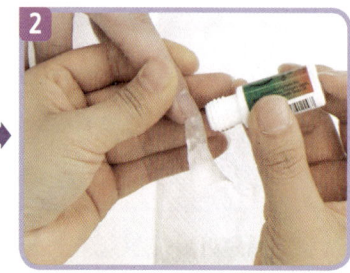 

(5) 글루 드라이 뿌리기

글루 드라이를 뿌린 후 완전히 마르기 전에 모델 손톱의 스트레스 포인트 부분을 수험자의 양쪽 엄지로 눌러 C-커브를 만든다(C-커브 20~40%).

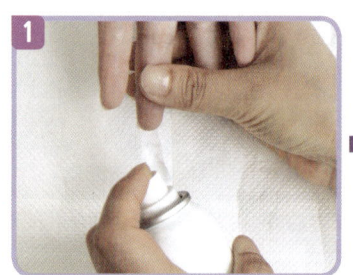 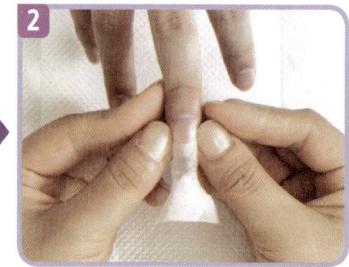 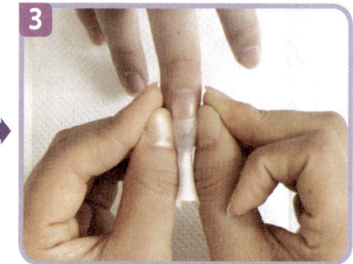

> **보충설명**
> 필러 파우더를 얇게 뿌리면 실크 익스텐션의 모양 교정이 가능하지만, 두껍게 뿌렸을 때는 실크에 붙어 있는 필러 파우더와 글루가 부서질 수도 있기 때문에 교정이 어렵다. 그래서 필러 파우더는 여러 번 얇게 뿌리는 것이 좋다.

(6) 길이 정리

클리퍼를 사용하여 0.5~1cm의 길이를 남겨두고 잘라준다.

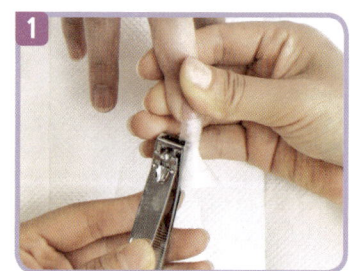

 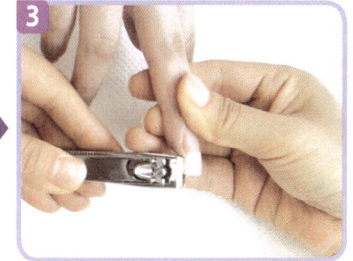 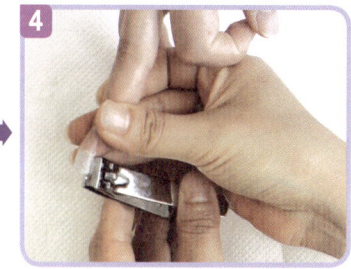

(7) 모양만들기

스퀘어 모양이 되도록 손톱모양을 만들어준다. 손톱길이와 사이드, 표면 등을 파일링한다.

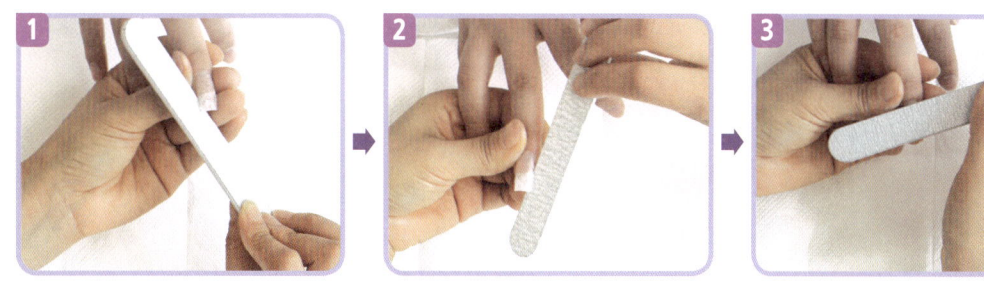

(8) 표면정리 및 이물질 제거

1) 네일표면을 매끄럽게 해주기 위해 양쪽 사이드 부분과 손톱의 표면을 ∩자 모양으로 둥글게 겹쳐가면서 파일링한다.

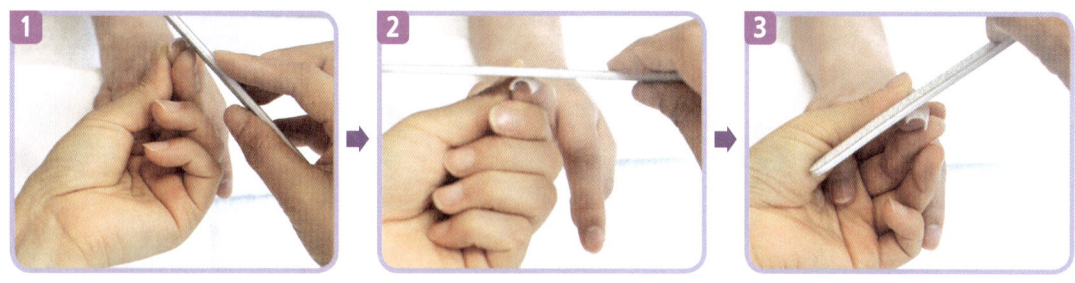

2) 샌딩블럭을 사용하여 표면을 매끄럽게 파일링하고, 더스트 브러시를 이용하여 손톱표면과 뒷면의 먼지를 털어낸다.

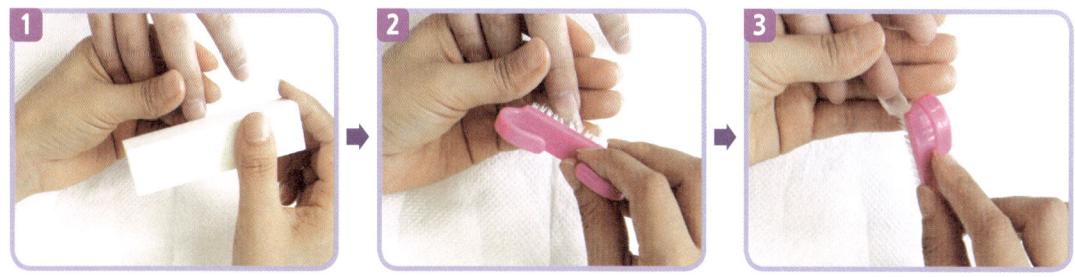

Chapter 5 | 네일랩 익스텐션

(9) 젤 글루 또는 글루 바르기

1) 큐티클 라인은 제외하고 전체적으로 글루를 바른 후, 연장된 랩의 뒷부분에도 글루를 바른다(사진 ①, ②).

2) 젤 글루를 네일에 도포한다(사진 ③).

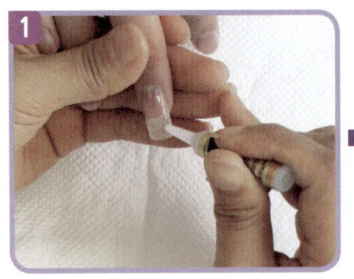

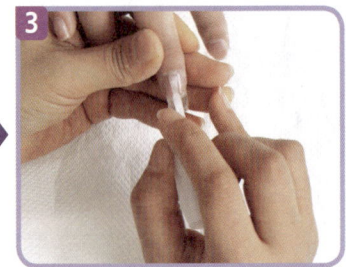

(10) 글루 드라이 분사 및 버핑하기

1) 글루 드라이를 분사한다(사진 ①).

2) 샌딩블럭을 사용하여 표면의 광택을 제거한다(사진 ②, ③).

3) 이물질이 있을 경우 디스크 패드를 사용하여 제거한다(사진 ④).

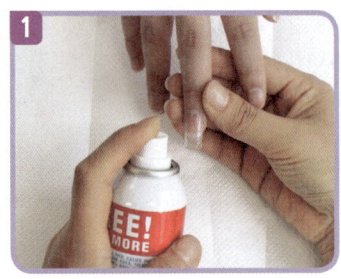

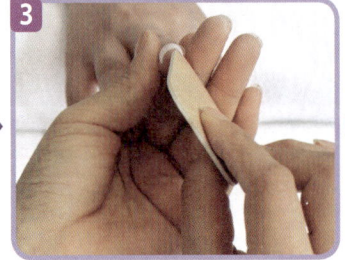
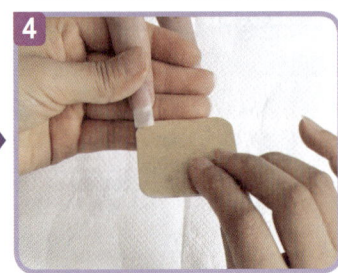

(11) 오일 바르기

큐티클 라인 전체와 연장된 뒷부분에 오일을 바르고 오렌지 우드스틱으로 큐티클을 조심스럽게 밀어 올린다.

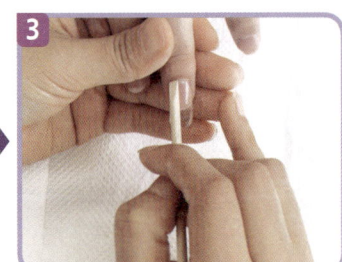

(12) 광택 및 마무리

1) 2-way 또는 3-way 파일로 손톱표면에 광을 낸다(사진 ①, ②).
2) 페이퍼나 멸균 거즈를 사용하여 손톱표면과 뒷면의 이물질을 닦아 낸다(사진 ③, ④).

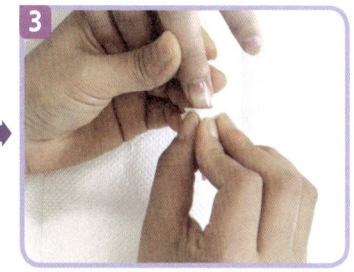
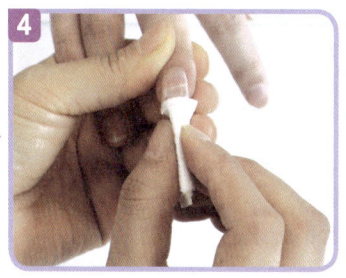

(13) 완성된 실크 익스텐션

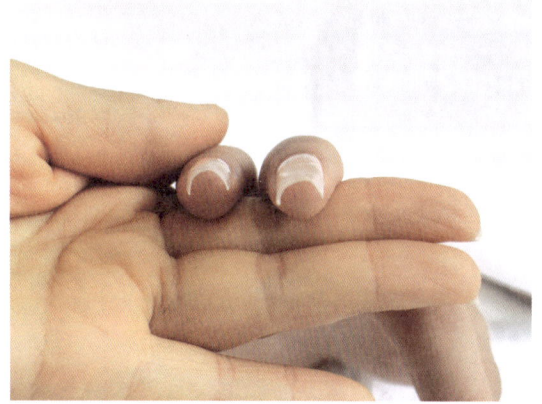

> **보충설명**
> - 글루 드라이어는 글루 또는 젤 글루를 굳게 하는 성질이 있기 때문에 젤 글루 도포 후 뿌리는 것이 좋다.
> - 글루 드라이어를 뿌리고 난 후 젤 글루를 도포하면 기포 및 투명도가 떨어지기도 한다.

정리하기

[네일랩 익스텐션]

손 소독 및 폴리시 제거 → 큐티클 밀기 → 조체길이 및 모양다듬기 → 랩 재단하기 → 재단한 랩 부착하기 → 글루 바르기 → 글루 및 필러 파우더 뿌리기 → 글루 드라이 뿌리기 → 길이정리 및 모양만들기 → 표면정리 및 이물질 제거 → 젤 글루 또는 글루 바르기 → 글루 드라이 분사 및 버핑하기 → 오일 바르기 → 광택 및 마무리

MEMO

part 4

인조네일 제거

Chapter 1. 인조네일 제거

제4과제
15분

Chapter 1 인조네일 제거

Section 01 인조네일의 제거

표준시간 15분 / 연장시간 없음 / 3과제 선택된 인조네일 제거 / 오른손 3지

1 작업목표

세부항목	작업요소
인조손톱 제거하기	1. 작업자 손을 소독한 후 고객의 손톱 주변을 소독할 수 있다. 2. 작업되거나 손상된 손톱을 잘라낼 수 있다. 3. 퓨어아세톤 또는 전용 리무버를 사용하여 호일로 감싼 후 제거(쏙 오프)할 수 있다.

2 사전준비

(1) 타월을 테이블에 깔고 페이퍼 타월을 덮는다.

(2) 인조손톱 제거에 필요한 도구 및 재료 등을 준비한다.

(3) 인조손톱 제거에 요구되는 도구 및 기구를 소독한다.

(4) 금속으로 된 도구들은 기구 소독제에 담가놓는다.

(5) 비닐 팩을 테이블 오른쪽 아래에 붙여 놓는다.

(6) 손을 씻는다.

3 도구 및 재료 준비

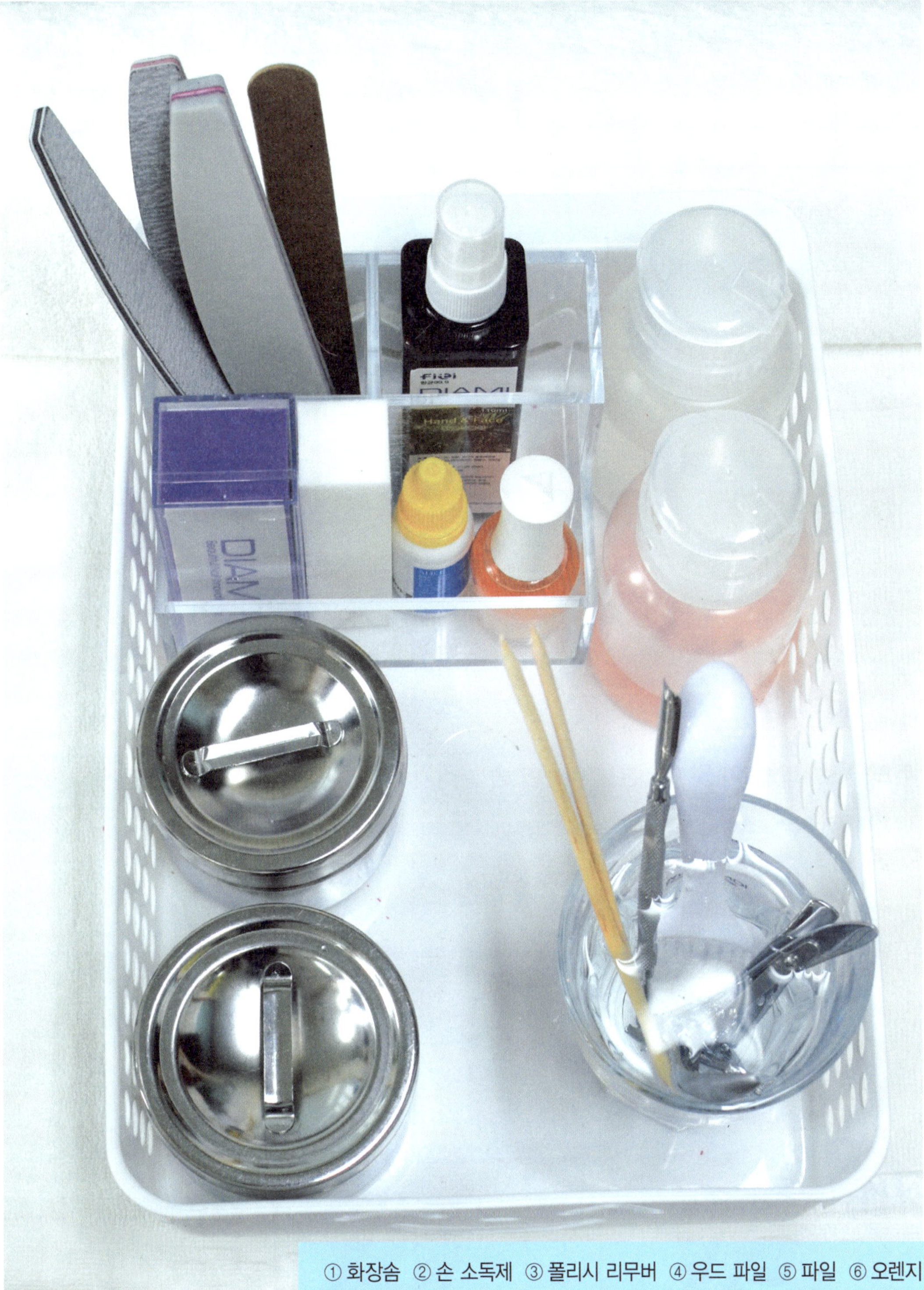

① 화장솜 ② 손 소독제 ③ 폴리시 리무버 ④ 우드 파일 ⑤ 파일 ⑥ 오렌지 우드스틱
⑦ 샌딩블럭 ⑧ 푸셔 ⑨ 니퍼 ⑩ 더스트 브러시 ⑪ 알루미늄호일 ⑫ 아세톤
⑬ 큐티클 오일 ⑭ 핸드로션 ⑮ 지혈제 ⑯ 클리퍼 ⑰ 아세톤

Chapter 1 | 인조네일 제거

4 인조네일 제거하기

(1) 손 소독 및 폴리시 제거하기

수험자의 손을 소독한 후 모델 손을 소독하고 네일 폴리시를 제거한다.

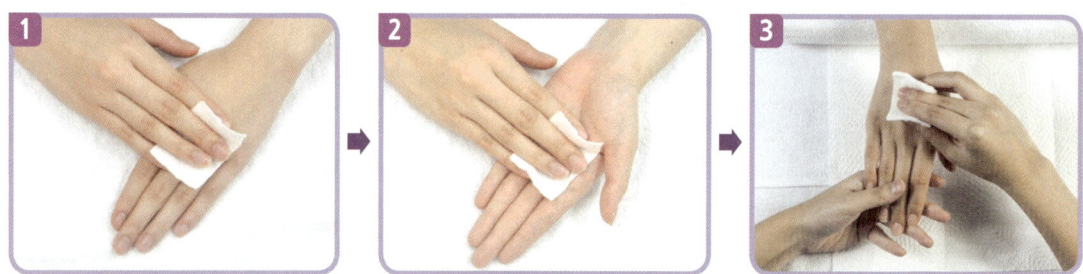

(2) 인조네일 자르기

중지 손톱에 클리퍼를 사용하여 연장된 양쪽 부분을 자른다.

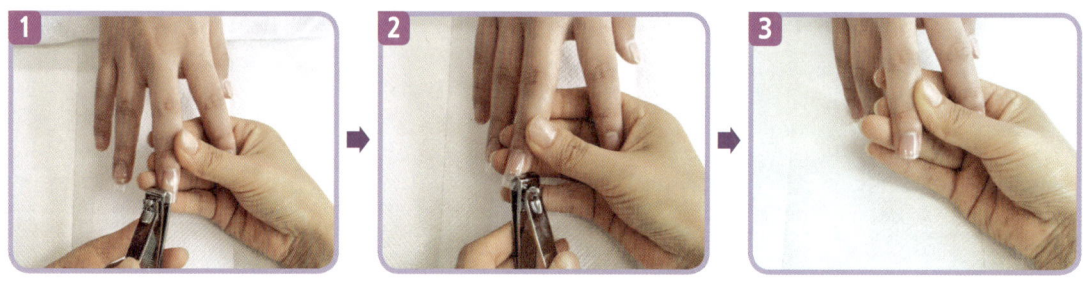

(3) 큐티클 오일 바르기 및 아세톤을 이용한 솜 올리기

1) 큐티클 라인에 오일을 바른다(사진 ①).
2) 솜에 아세톤을 적셔 인조손톱에 올린다(사진 ②).
3) 호일을 사용하여 손톱을 감싼다(사진 ③~⑥).

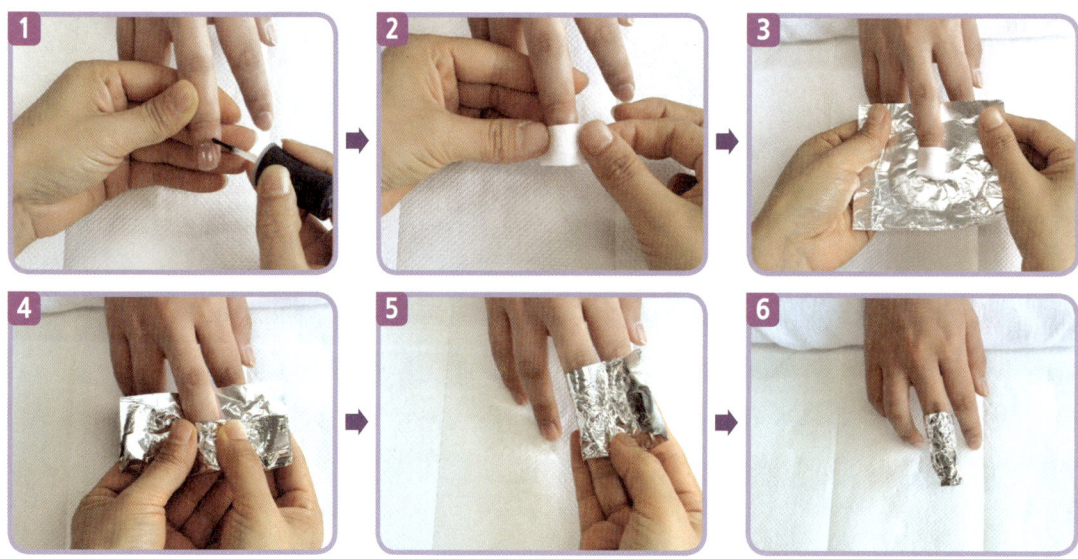

(4) 인조네일 제거하기

1) 7~9분 후 손톱표면을 감싼 호일을 벗겨낸다(사진 ①).
2) 솜은 작업자의 엄지, 검지를 이용하여 손톱 중앙으로 모아 프리에지 방향으로 밀어낸다(사진 ②, ③).
3) 손톱표면에 인조네일이 남아있을 경우 푸셔나 오렌지 우드스틱을 사용하여 프리에지 방향으로 밀어낸다(사진 ④).
4) 파일을 사용하여 남아있는 잔여물을 제거한다(사진 ⑤, ⑥).

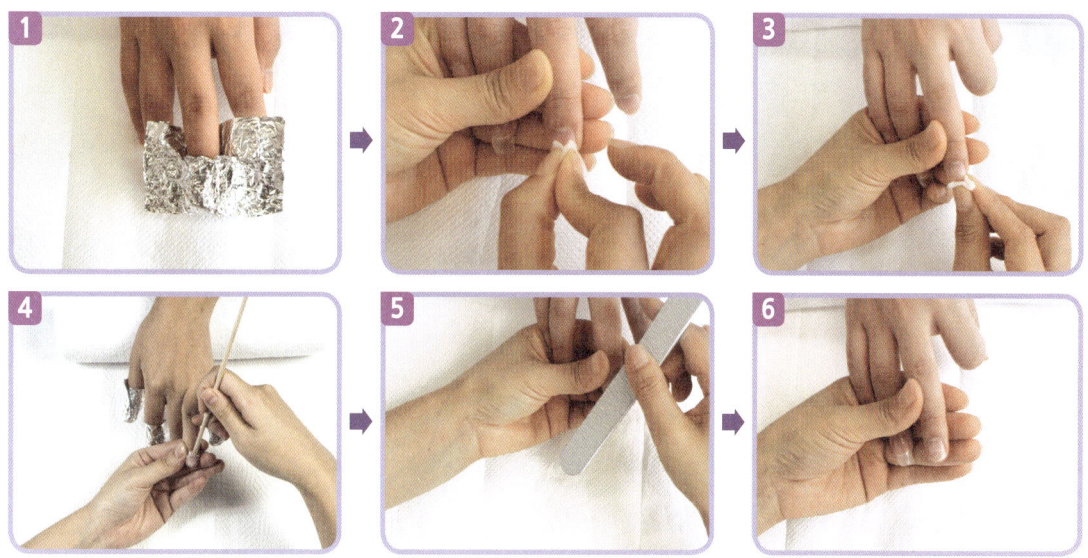

(5) 파일링 및 샌딩하기

1) 라운드로 조형하고 손톱 밑에 이물질이 남아있지 않도록 한다(사진 ①, ②).
2) 손톱표면을 샌딩한다(사진 ③).

(6) 오일 및 샤이닝하기

1) 큐티클 라인에 오일을 바른다(사진 ①).
2) 푸셔 또는 오렌지 우드스틱을 사용하여 큐티클을 조심스럽게 밀어 올린다(사진 ②).

Chapter 1 | 인조네일 제거

3) 2-way 또는 3-way를 사용하여 손톱표면을 정리한다(사진 ③, ④).

4) 페이퍼 타월 또는 오렌지 우드스틱을 이용하여 유분기를 닦아낸다(사진 ⑤).

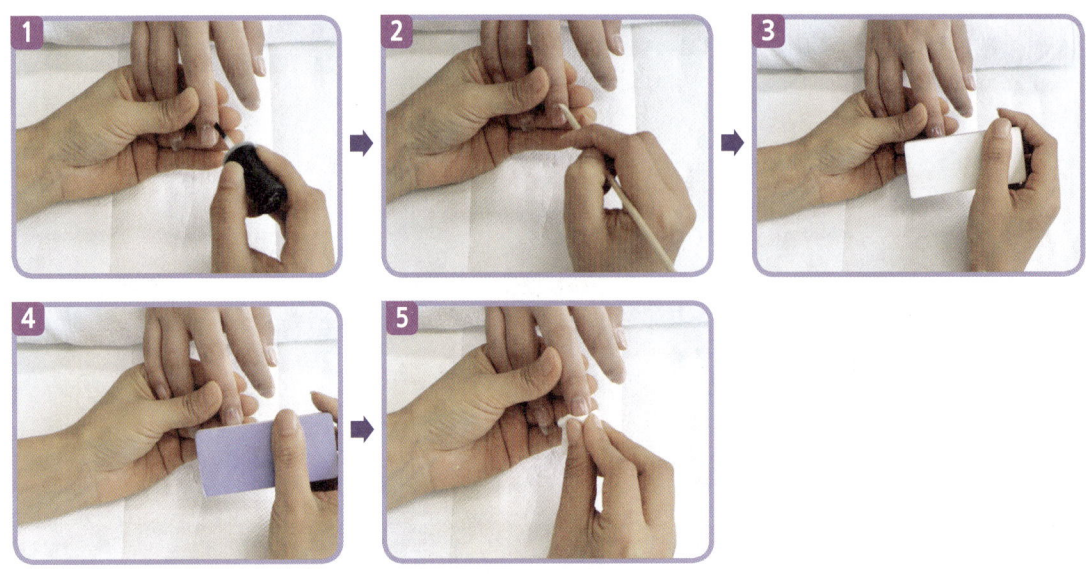

(7) 인조네일 제거 완성

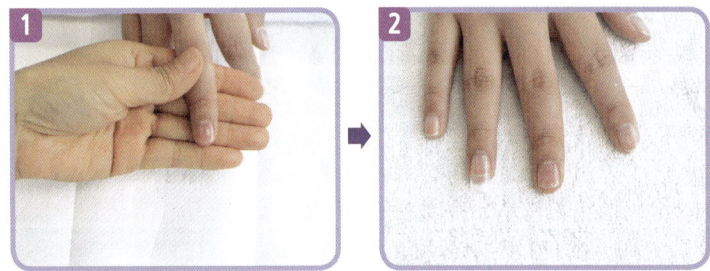

5 사후처리

(1) 사용된 제품의 용기 뚜껑을 잘 닫는다.

(2) 사용한 재료 및 도구들은 소독 처리하며 주변을 정리한다.

(3) 덜어서 사용하고 남은 제품은 개수대에 흘려보내지 않고 페이퍼 타월이나 휴지에 흡수시킨 후 디펜디쉬를 세척해둔다.

(4) 사용된 소모품 및 오물들은 비닐팩에 넣어 폐기 처리한다.

부록

아트 네일

Chapter 1. 일반네일 장식

※ 시험 과제에는 해당하지 않으나 실제 네일 숍에서 많이 사용하는 기술이니 참고바랍니다.

Chapter 1 일반네일 장식

Section 01 데칼아트하기

무늬가 그려진 얇은 스티커를 조체에 붙이는 데칼코마니(Decalcomanie)에서 유래된 데칼은 워터 데칼과 드라이 데칼로 구분된다.

1 작업목표

세부항목	작업요소
1. 데칼아트하기	1. 베이스 컬러 및 베이스 젤로 바를 수 있다. 2. 고객의 요구나 디자인에 따라 컬러를 선택할 수 있다. 3. 컬러가 베이스로 있을 경우, 기존 디자인에 어울리는 데칼아트를 할 수 있다. 4. 데칼은 고객이 원하는 디자인을 선택할 수 있다. 5. 스티커 데칼은 스티커의 접착력을 이용하여 원하는 위치에 디자인할 수 있다. 6. 탑 코트 및 탑 젤을 발라 마무리할 수 있다.
2. 네일 컬러·젤 폴리시 아트하기	1. 네일 컬러 또는 젤 폴리시를 바를 수 있다. 2. 고객의 요구나 디자인에 따라 컬러를 선택할 수 있다. 3. 두 가지 이상의 폴리시 및 젤 폴리시 색상을 이용해 디자인할 수 있다. 4. 경우에 따라 아트 브러시 또는 아트 펜을 이용한 다양한 각도의 선 디자인을 할 수 있다. 5. 탑 코트 및 탑 젤을 발라 마무리할 수 있다.

2 사전준비

(1) 매니큐어 테이블에 타월을 깔고 페이퍼 타월을 덮는다.

(2) 데칼아트 또는 네일 컬러·젤 폴리시 아트에 요구되는 재료, 도구 등을 준비한다.

(3) 데칼아트 또는 네일 컬러·젤 폴리시 아트 작업에 요구되는 재료 및 도구를 소독한다.

(4) 금속으로 된 도구들은 소독액을 넣은 소독용기에 담가놓는다.

(5) 고객의 네일 이상 유무를 확인하고 미용작업을 할 수 있는지의 여부를 결정한다.

(6) 비닐 팩을 매니큐어 테이블 오른쪽 아래에 붙여 놓는다.

(7) 손을 씻는다.

3 데칼 아트하기

〈도구 및 재료 준비〉

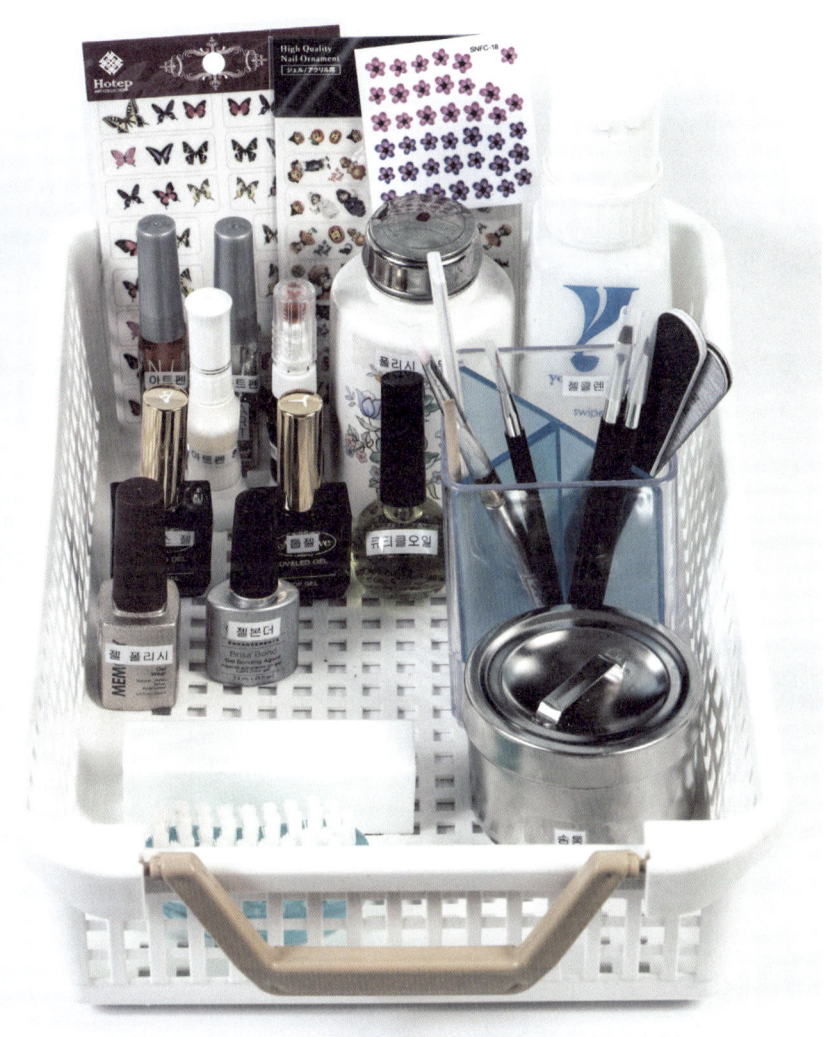

① 베이스 코트 or 베이스 젤 ② 폴리시 or 젤 폴리시 ③ 데칼 ④ 가위
⑤ 핀셋 ⑥ 젤 클리너 ⑦ 오렌지 우드스틱 ⑧ 탑 코트 or 탑 젤 ⑨ 화장솜
⑩ 폴리시 리무버

Chapter 1 | 일반네일 장식

(1) 베이스 코트(or 베이스 젤) 바르기

조체표면의 보호와 착색되는 것을 방지하기 위하여 베이스 코트(or 베이스 젤)를 바른다(베이스 젤일 경우 램프에 30초간 건조).

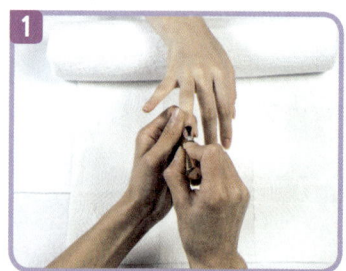

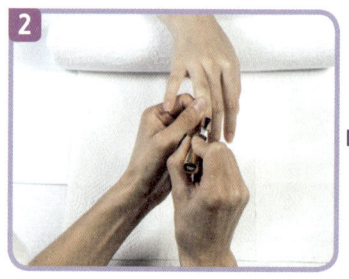 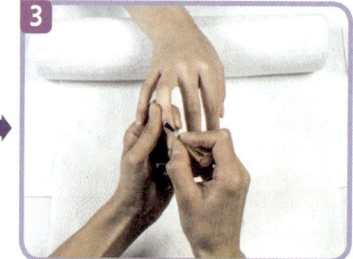 

(2) 폴리시(or 젤 폴리시) 바르기

원하는 폴리시(or 젤 폴리시)를 두 번 도포한다(폴리시 젤일 경우 램프에 30초간 건조).

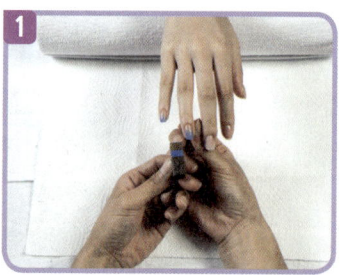

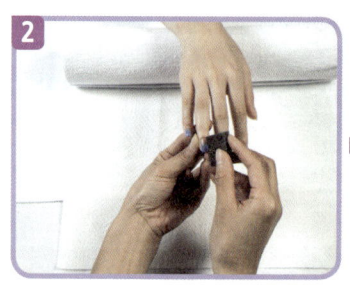 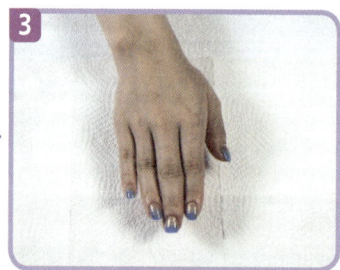 

(3) 디자인된 스티커 데칼 오려 붙이기

1) 핀셋을 이용하여 원하는 디자인의 데칼을 떼어낸다.
2) 조체 위에 디자인한다.
3) 라인 스톤, 댕글 등을 이용하여 연출한다.

※ 반짝이나 펄 등이 가미되어 있는 스티커 데칼은 디자인적 연출이 가능하다.

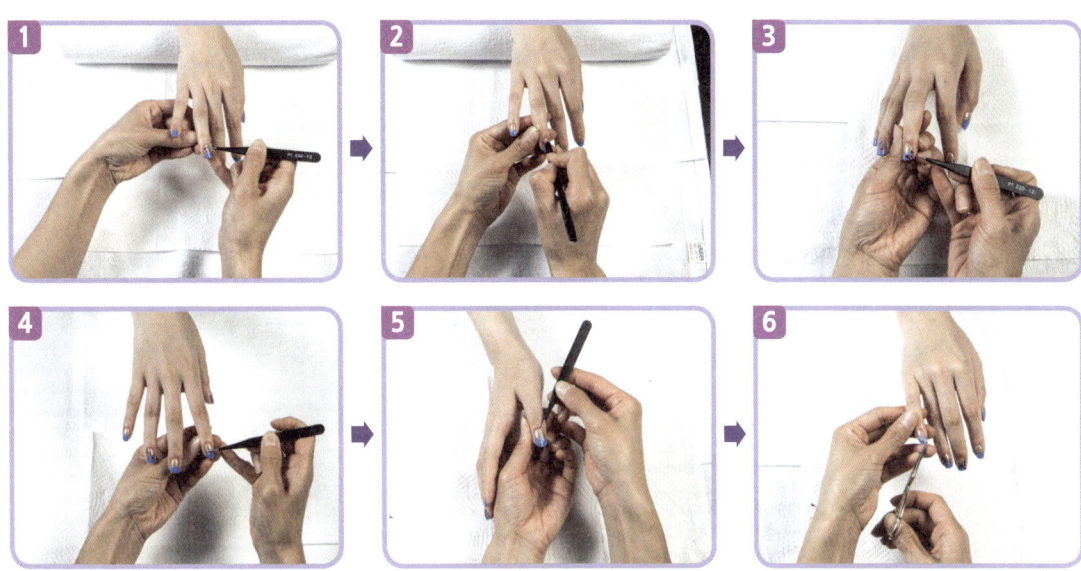

(4) 탑 코트(or 탑 젤) 바르기

충분히 건조되면 스티커 데칼이 밀리지 않게 하기 위해 탑 코트(or 탑 젤)를 바른다(탑 젤일 경우 램프에 30초간 건조).

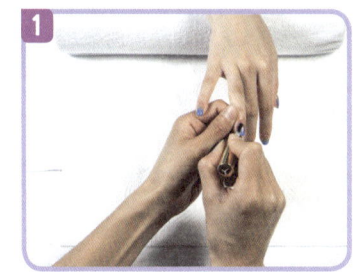

(5) 완성

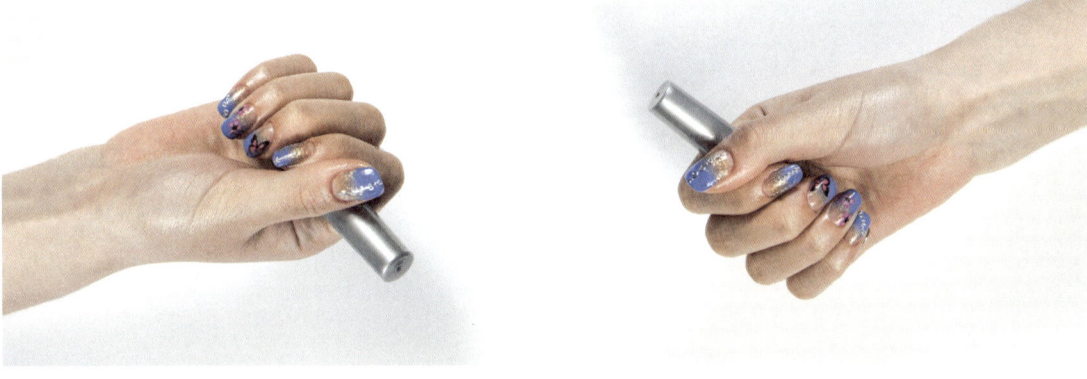

Chapter 1 | 일반네일 장식

Section 02 네일 컬러 · 젤 폴리시 아트하기

1 도구 및 재료 준비

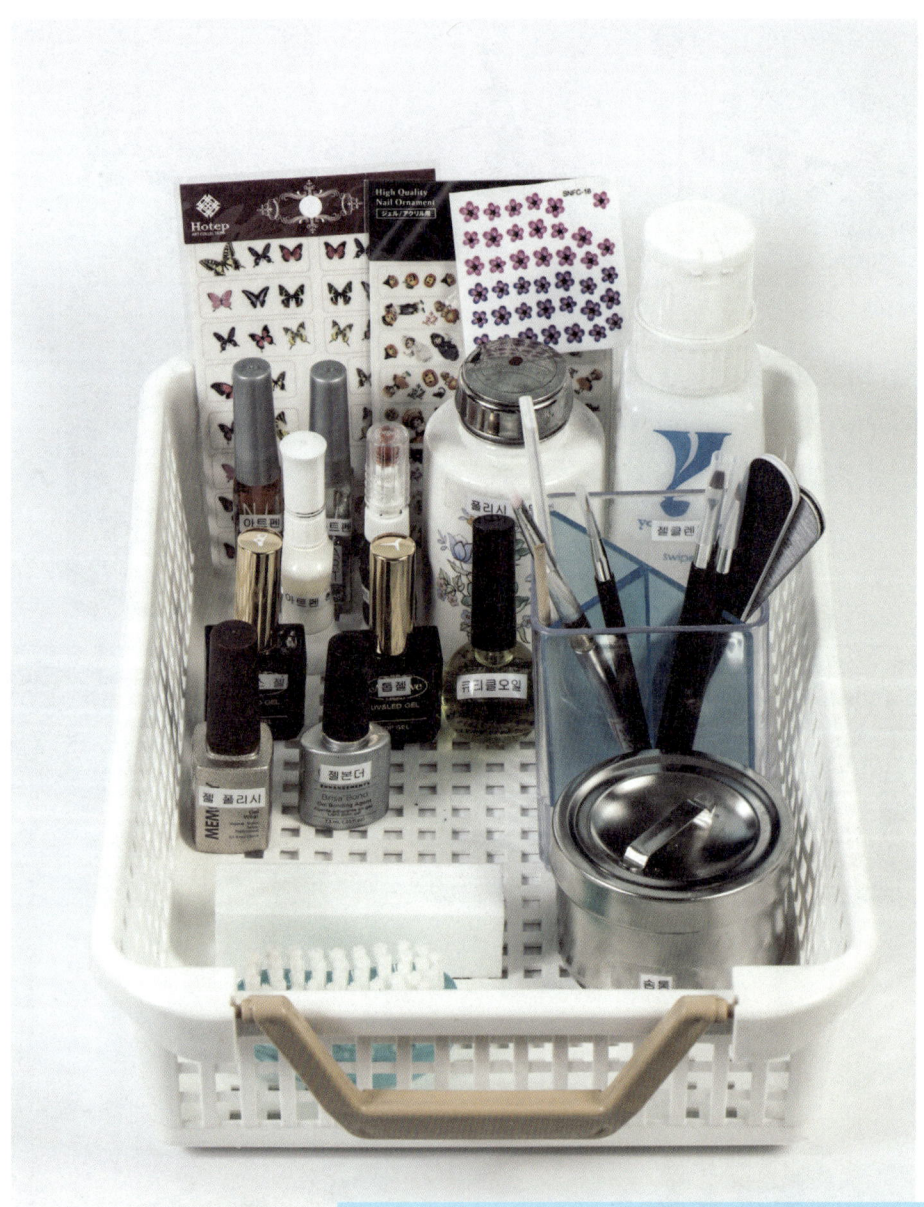

① 네일 폴리시 or 젤 폴리시 ② 젤 클리너 ③ 세필브러시 ④ 팔레트 ⑤ 탑 젤 or 탑 코트
⑥ 베이스 코트 or 베이스 젤 ⑦ 폴리시 리무버 ⑧ 화장솜 ⑨ 젤 클리너

(1) 베이스 코트(or 베이스 젤) 바르기

조체표면의 보호와 착색되는 것을 방지하기 위하여 베이스 코트(or 베이스 젤)를 바른다(베이스 젤일 경우 램프에 30초간 건조).

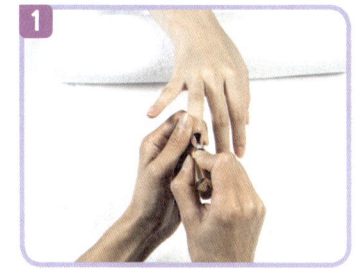
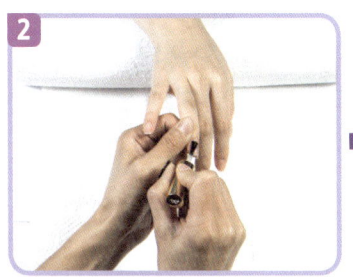

(2) 폴리시(or 젤 폴리시) 바르기

원하는 폴리시(or 젤 폴리시)를 두 번 도포한다(젤 폴리시일 경우 1회 바르고 램프에 30초간 건조한 후 2회 바르고 램프에 30초간 건조 → 미경화 젤 닦기).

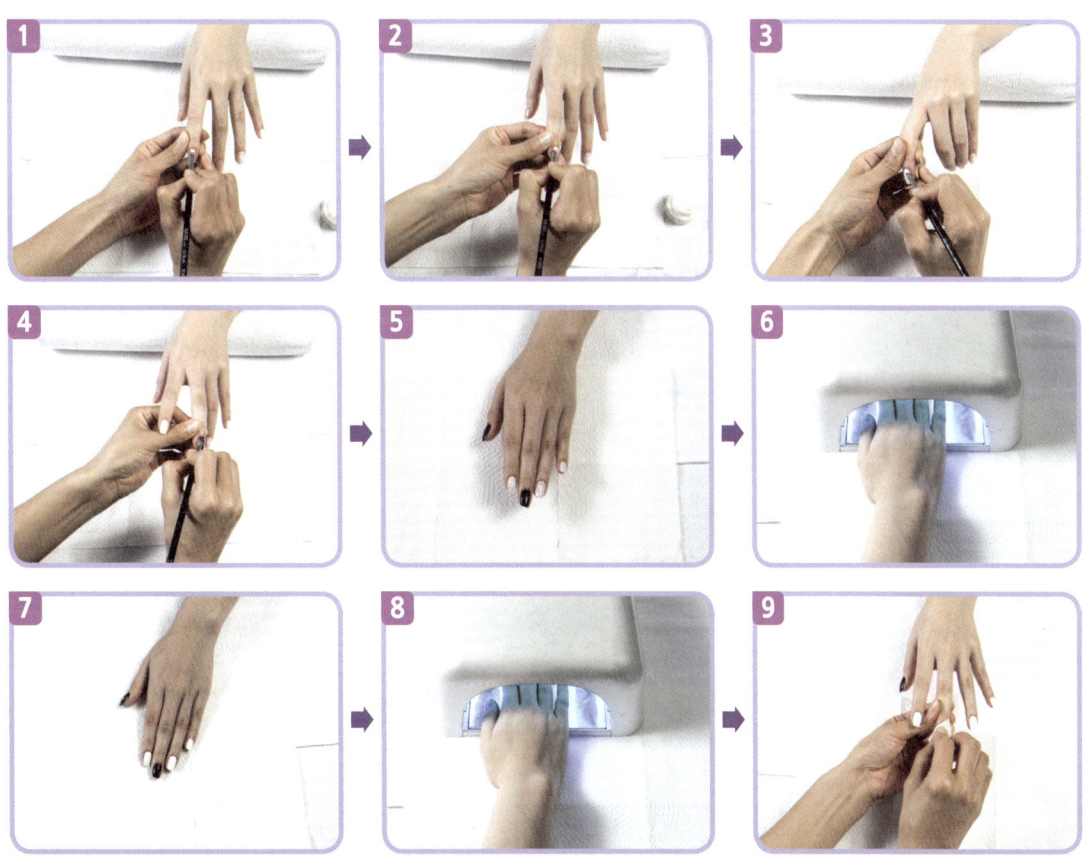

Chapter 1 | 일반네일 장식

(3) 세필브러시 사용 선 그리기

디자인된 스티커 데칼을 이용하여 연출한 후 세필브러시를 사용하여 선을 그려준다.

(4) 탑 코트(or 탑 젤) 바르기

건조되면 스티커 데칼과 선이 밀리지 않도록 탑 코트(or 탑 젤)를 바른다(탑 젤일 경우 램프에 30초간 건조).

(5) 완성

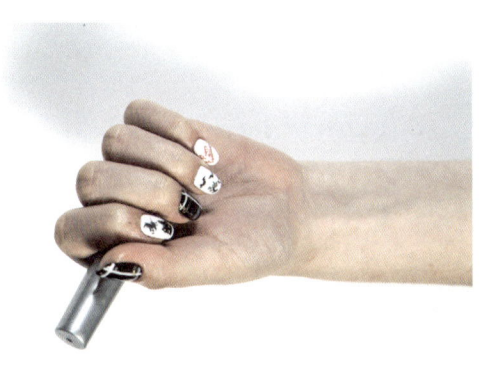

5 사후처리

(1) 사용된 제품의 용기 뚜껑을 잘 닦아준다.

(2) 사용한 재료 및 도구들은 소독처리하며 주변을 정리한다.

(3) 제품은 밀폐된 용기에 담아 어둡고 열이 없는 신선한 곳에 보관한다.

(4) 덜어서 사용하고 남은 제품은 개수대에 흘려보내지 않고 페이퍼 타월이나 휴지에 흡수시킨 후 디펜 디쉬를 세척해 둔다.

(5) 다음 고객을 위하여 사용된 도구들은 20분 이상 살균·소독한다.

(6) 사용된 소모품 및 오물들은 비닐팩에 넣어 폐기 처리한다.

2026 NEW 완전합격
미용사 네일 실기시험문제

발 행 일	2026년 1월 10일 개정10판 1쇄 인쇄
	2026년 1월 20일 개정10판 1쇄 발행
저　　자	류은주 · 윤미선 · 배현영 공저
발 행 처	 크라운출판사 http://www.crownbook.co.kr
발 행 인	李尙原
신고번호	제 300-2007-143호
주　　소	서울시 종로구 율곡로13길 21
공 급 처	(02) 765-4787, 1566-5937
전　　화	(02) 745-0311~3
팩　　스	(02) 743-2688, (02) 741-3231
홈페이지	www.crownbook.co.kr
ＩＳＢＮ	978-89-406-4954-1/ 13590

저자협의
인지생략

특별판매정가　23,000원

이 도서의 판권은 크라운출판사에 있으며, 수록된 내용은
무단으로 복제, 변형하여 사용할 수 없습니다.
　　　Copyright CROWN, ⓒ 2026 Printed in Korea

이 도서의 문의를 편집부(02-6430-7006)로 연락주시면
친절하게 응답해 드립니다.

MEMO

MEMO

MEMO

MEMO